Meteorological Satellites and Satellite Meteorology

气象卫星与卫星气象

范天锡◎著

图书在版编目（CIP）数据

气象卫星与卫星气象 / 范天锡著 .—北京：气象出版社，2014.3
ISBN 978-7-5029-5896-1

Ⅰ. ①气… Ⅱ. ①范… Ⅲ. ①气象卫星 – 普及读物 ②卫星 – 气象学 – 普及读物 Ⅳ. ① P414.4-49 ② P405-49

中国版本图书馆 CIP 数据核字（2014）第 042143 号

Meteorological Satellites and Satellite Meteorlogy
气象卫星与卫星气象

出版发行：气象出版社
地　　址：北京市海淀区中关村南大街 46 号　　邮政编码：100081
总 编 室：010-68407112　　发 行 部：010-68409198
网　　址：http://www.cmp.cma.gov.cn　　E-mail：qxcbs@263.net
责任编辑：胡育峰　李香淑　　终　　审：汪勤模
封面设计：符　赋　　责任技编：吴庭芳
责任校对：时　人
印　　刷：北京地大天成印务有限公司
开　　本：710 mm × 1000 mm　1/16　　印　　张：10.5
字　　数：171 千字
版　　次：2014 年 3 月第 1 版　　印　　次：2014 年 3 月第 1 次印刷
定　　价：39.00 元

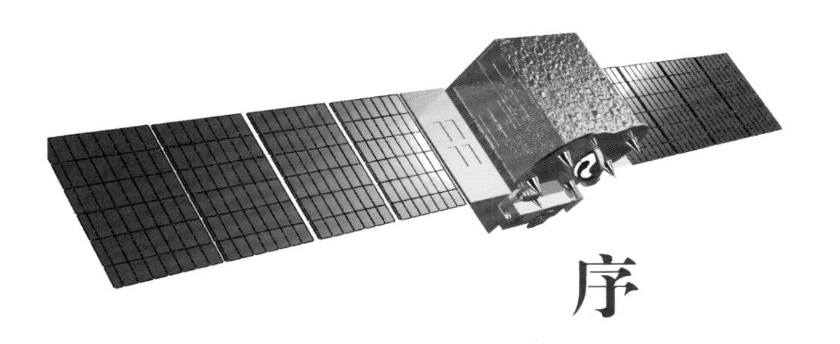

序

《气象卫星与卫星气象》是一本高端科普读物，它简要叙述了国内外气象卫星与卫星气象的发展。重点讲述了气象卫星遥感原理，气象卫星遥感仪器，气象卫星资料处理，气象卫星资料接收处理服务系统，卫星云图在天气分析和预报中的应用，气象卫星资料在数值预报、气候预测、生态环境和灾情监测中的应用。它深入浅出，系统全面，既通俗易懂，又不失科学技术前沿。

作者范天锡，1936 年 4 月生，江苏徐州人，是我国知名的卫星遥感专家，也是一位优秀的工程技术专家。1958 年毕业于北京大学物理系气象专业，毕业后在中国科学院地球物理研究所从事高层大气物理和空间光学探测技术等方面的研究。1980 年以后，工作在中国气象局国家卫星气象中心，先后担任过风云一号气象卫星地面应用系统总设计师、国家卫星气象中心科技委主任、中国气象局科技委副主任、原国防科学技术工业委员会民用遥感卫星应用专家组副组长、中国遥感应用协会专家委员会副主任等职。

他多年从事 NOAA、风云一号、风云三号等极轨气象卫星地面应用系统的总体设计和建设，以及资料预处理、资料处理方法的研究和软件研发；在风云一号（共 4 颗星）发射后，组织卫星性能的在轨测试，卫星业务运行后，推动应用工作的普及和提高，推动中央至地方应用体系的建设；多年来从事遥感仪器性能分析，辐射定标，反演方法，拓宽应用等方面的研究，做了大量卓有成效的工作；参与了静止气象卫星、载人航天遥感应用等方面的工作；他还多年从事我国气象卫星及其应用的发展规划，气象卫星使用要求和技术状态的研究制订及有关技术协调。

本书是气象部门新参加工作的高等院校毕业生、研究生了解气象卫星与卫星气象的理想读物，可作为气象部门各级领导机关工作人员以及地方台站从事气象卫星资料应用技术人员的参考资料，也是气象卫星研制人员的拓展读物，以及普通高等院校相关专业在校学生的兴趣读物，还可作为关心气象卫星和卫星气象事业发展的社会各界人士的知识读物。

本书在初稿编著后，又经国家卫星气象中心多位老专家热情审阅和修改，最终由气象出版社定稿出版。

愿这本书有助于气象卫星与卫星气象事业的发展。

钮寅生

（钮寅生：国家卫星气象中心原主任）

2013 年 9 月 25 日

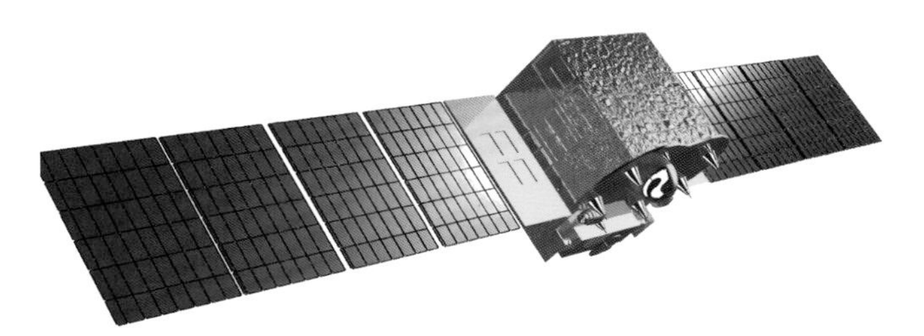

目　录

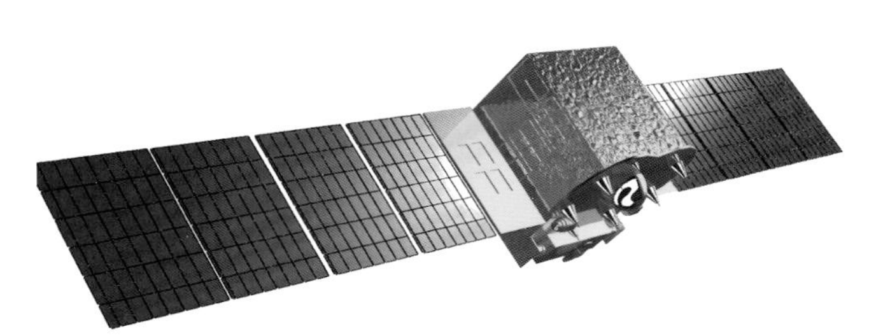

第1章　概　论

1.1 气象卫星

天气多变，很难预测。然而，天气又和人们的生产、生活以及军事活动息息相关，于是，自古以来，人类为预报天气、预测气候不断做出巨大的努力。

气象科学是建立在观测数据基础上的，世界各国都建立了大量的地面气象观测站。但是，在海洋、高山、沙漠、极地等处，观测站点总是很稀少，一些国家观测仪器的精度也难保证，想获取全球、三维、高时空分辨率、高精度的多种气象要素的观测数据，是很难办到的。

“站得高，看得远”。就对地观测而言，卫星是一个非常理想的观测位置。1957 年人造地球卫星发射上天后，最初的应用就是气象观测。1960 年 4 月 1 日，美国成功发射了世界上第一颗试验气象卫星泰罗斯（TIROS），星载相机拍摄的第一幅地球云图，清晰地显示了大西洋上空的飓风，开创了从空间探测地球的新纪元。

对地做气象观测的卫星有科学实验卫星和业务气象卫星两类。科学实验卫星的运行轨道多种多样。业务气象卫星的运行轨道现分为两类（见图 1.1），一类是极轨卫星，取太阳同步轨道，轨道高度 800～1 000 km，绕地球一周约为 100 分钟，在地球任一地方，卫星于同一地方时以近南北向过境。另一类是静止卫星，取地球同步轨道，卫星位于赤道上空 35 800 km 高度，向东运行，周期约为 24 小时，相对地球任一地方看似不动。

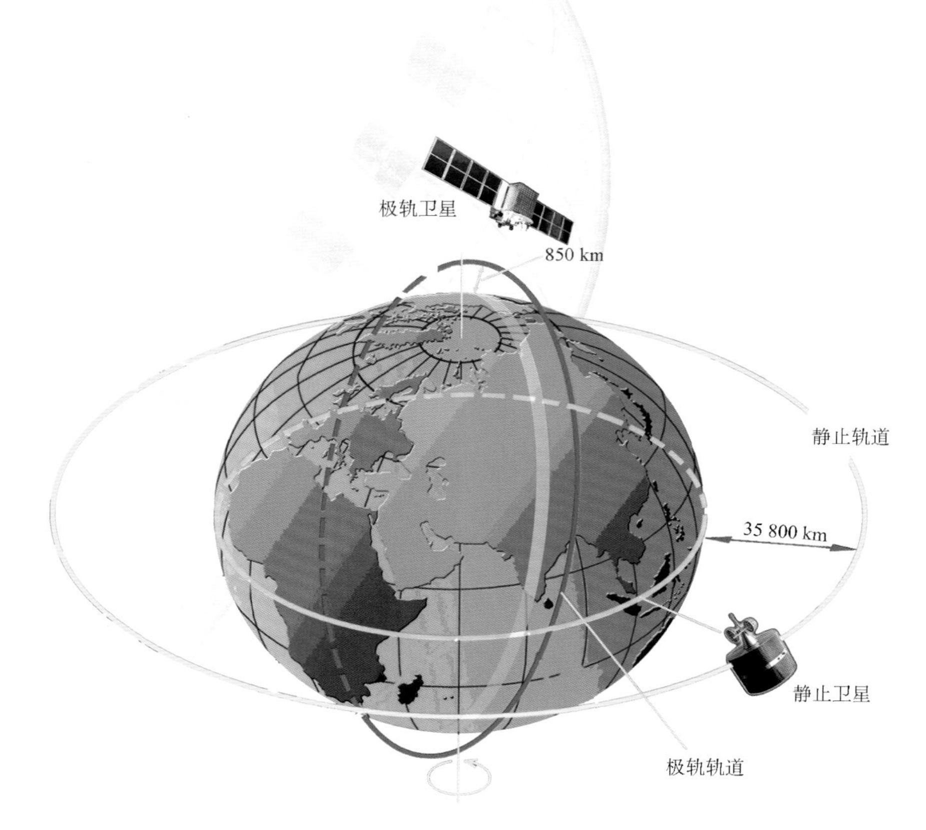

图 1.1　气象卫星运行轨道

极轨卫星的作用主要是获取全球、多品种、高精度、较高空间分辨率的资料。静止卫星的作用主要是获取中低纬度、大范围、高频次的资料。二者相互补充，缺一不可。

气象卫星用遥感探测器获取对地观测数据，具有紫外、可见光、红外、微波多种波段，经过信息加工处理后，可以得到定量的多种气象要素和地球物理参数，也可做出各种直观、漂亮的图像。例如，描写云特征的可见光、红外云图，云的微物理及降水特性，由跟踪云和水汽运动而得到的云迹风和水汽风，大气中水汽含量、大气温度、臭氧含量及其垂直分布，气溶胶光学厚度、大气温室气体浓度，地气系统辐射收支能量，陆地表面的温度，海面水温、海冰分布，陆面积雪、植被指数、土壤湿度、沙尘监测等。这些信息已突破传统的气压、温度、湿度、风向、风力等气象观测的范畴。

随着空间技术和遥感技术的飞速发展，气象卫星获取多种气象要素和地球物理参数的能力，以及其全球性、高时空分辨率等优势更加展现，这也使气象卫星遥感成为天气分析和预报、数值预报、气候预测和全球变化研究、生态环境和灾害监测的重要手段。因此，气象卫星从诞生之日起，就受到了地球科学工作者和公众的高度重视，其发展呈现出勃勃生机。

是不是有了气象卫星就可以取代气象站观测呢？那也不是。气象卫星遥感是通过地物的电磁辐射来探测地物的特性，这是一种间接测量手段，气象站的常规观测是一种直接测量手段，二者各有特色，不能相互替代，而是相互补充。它们和气象雷达等一起形成一个完整的气象观测体系。

我国气象卫星命名为“风云”系列。极轨气象卫星以奇数命名，第一代为风云一号（FY-1），第二代为风云三号（FY-3）。静止气象卫星以偶数命名，第一代为风云二号（FY-2），第二代为风云四号（FY-4）。在每一代气象卫星中，按发射时间先后，再以A、B、C、D等顺序命名，例如FY-1A、FY-1B等。2013年，我国在轨运行的气象卫星有FY-1D、FY-2C/D/E/F、FY-3A/B/C，共8颗星，如图1.2所示。

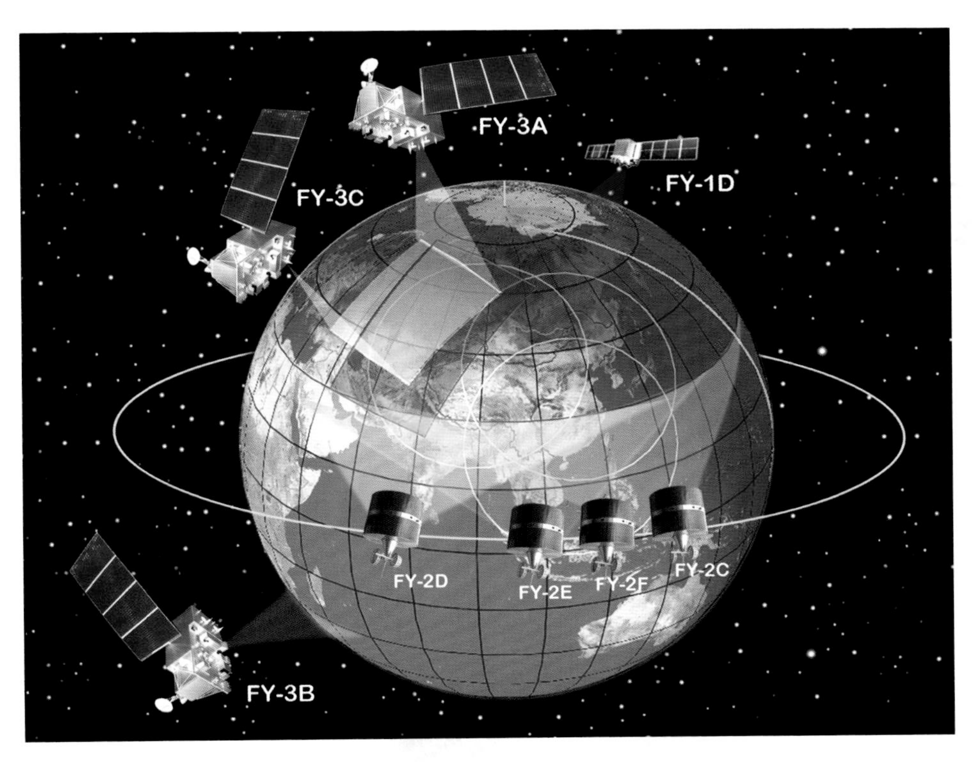

图1.2　2013年我国气象卫星在轨布局图

1.2 气象卫星系统工程

气象卫星的发展和应用，不只是气象卫星问题，也是一个天地一体化的系统工程。我国气象卫星系统工程由五大系统组成：

（1）气象卫星：主要包含卫星平台和各种遥感器。卫星平台由中国航天科技集团公司上海航天技术研究院研制，遥感器由中国科学院上海技术物理研究所、空间科学与应用研究中心、长春光学精密机械与物理研究所，以及上海航天测控通信研究所、中国空间技术研究院西安分院等研制。

（2）运载火箭：FY-1/3 卫星由长征四号系列运载火箭发射，FY-2 卫星由长征三号系列运载火箭发射，运载火箭分别由上海航天技术研究院、中国运载火箭技术研究院等研制。

（3）发射场：进行卫星、运载火箭的测试和发射。FY-1/3 卫星在太原卫星发射中心发射，FY-2 卫星在西昌卫星发射中心发射。

（4）测控系统：对卫星发射和在轨运行全过程实施监控，由西安卫星测控中心承担，其中静止气象卫星的业务测控由国家卫星气象中心（NSMC）负责。

（5）应用系统：即气象卫星资料接收处理服务系统，主要包括气象卫星资料地面接收站、资料处理与服务中心和应用示范系统等，由国家卫星气象中心（NSMC）承担。

我国 FY-1 卫星的系统工程总设计师是任新民院士，FY-2 卫星的系统工程总设计师是孙家栋院士，FY-3 卫星设系统工程正 / 副总设计师，由孙敬良院士和孟执中院士担任，FY-4 卫星的系统工程总设计师是李卿研究员。

1.3 卫星气象学

卫星气象包含卫星气象学和卫星气象工程。卫星气象学是研究利用卫星遥感获取气象参数的原理和方法，以及对遥感信息进行处理、应用的一门分支学科。它是 20 世纪 60 年代初开始出现的一门新兴学科，与多门学科交叉，在大气科学中发展最迅速，极富活力。卫星气象学主要包括三方面的内容：

（1）气象卫星遥感理论：主要研究地球大气和表面对电磁辐射的吸收、发射、散射、反射和极化特性，以及辐射在大气中的传输规律。

（2）卫星遥感信息处理方法，主要包括：

1）对卫星遥感的原始测量值进行质量检验、定标、定位和各种校正，转换成辐射值。

2）把卫星观测的辐射值转换成地球大气和表面的各种气象参数和地球物理参数。

3）对处理结果进行质量、真实性检验。

4）各种遥感信息、气象信息、地理信息等的融合、显示。

（3）气象卫星资料的应用研究，主要包括：

1）卫星云图在天气分析和预报中的应用，如对大尺度天气系统、热带气旋和中尺度强对流云团的监测和分析等。在天气预报中，卫星云图现在已是不可缺少的、十分重要的工具。

2）在数值天气预报中的定量资料应用。进行多维变分同化系统的研究和开发，把卫星遥感的信息输入数值预报模式。目前，美国和欧洲的业务数值预报系统中，输入的观测资料有85%以上来自卫星资料。

3）在气候变化的监测和预测中的应用。许多气候变化的信号，均可以通过卫星观测得到。当前，国际上一些涉及全球变化和可持续发展的重大研究计划，气象卫星资料的应用具有举足轻重的地位。

4）在生态环境和自然灾害监测中的应用。通过针对生态环境特征参数的数据处理，可得到植被、水体、积雪、高温热源、沙尘暴和气溶胶等多种参数的空间分布和时间变化，其应用领域、效益及前景极为广阔。

1.4 卫星气象工程

我国的气象卫星应用系统是一个大型的、具有世界先进水平的建设工程。它由建立在国内外的多个数据接收站、北京的数据处理和服务中心（国家卫星气象中心大楼见图1.3）、区域中心及省、地、县的大批用户组成。

应用系统是一个24小时不间断工作的业务系统，它的功能是对卫星业务

图 1.3　国家卫星气象中心大楼

工作状态进行实时监控，对卫星遥感数据进行接收、传输、处理、存储、分发和服务，进行业务运行管理和应用示范等。它由高码速率数据接收系统、高性能通信与网络系统、大型计算机集群、海量数据存储等硬件系统，以及相应的各种系统软件，各种遥感数据处理和应用示范的应用软件组成。应用系统能及时向各类用户提供多种、高时效、高精度的业务产品，用于天气预报、气候预测、防灾减灾、环境监测、生态保护和专业气象服务等各个方面。

应用系统的建设涉及气象、海洋、遥感、计算机和网络、通信、图像处理等多个科技领域，主要技术特点是高效率、高时效性、高稳定性、高可靠性、可扩展性、可维护性、灵活性和自动化运行。

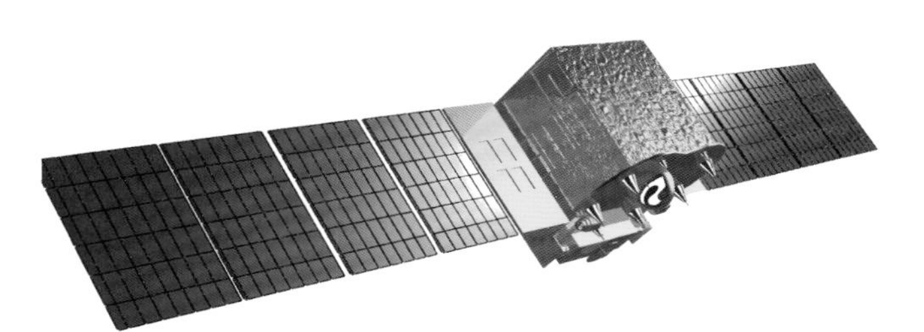

第 2 章 国外的气象卫星

2.1 极轨气象卫星

2.1.1 美国的极轨气象卫星

美国的极轨气象卫星由美国国家海洋和大气管理局（NOAA）运行，发展过程大致可分三个阶段：

1960—1976 年左右，可看成第一阶段，其中包括泰罗斯（TIROS）系列 10 颗星（1960—1965）、艾萨（ESSA）系列 9 颗星（1966—1969）、艾托斯（ITOS）卫星 1 颗、诺阿（NOAA）系列 5 颗星（1970—1976），还有雨云（Nimbus）系列的试验卫星 7 颗（1964—1978），共 32 颗星。这一阶段，卫星性能不断改进，遥感仪器不断试验更新，在资料处理和应用方面也做了大量的研究和试验工作。总的说来，这一阶段是初期技术发展、试验和试用阶段。

1978—2009 年左右，可看成第二阶段，其中包括 TIROS-N、NOAA -6～14，共 10 颗星（1978—1994），星载遥感器有先进的甚高分辨率辐射计（AVHRR）、高分辨率红外探测器（HIRS）、微波探测器（MSU）、平流层探测器（SSU）、太阳后向散射紫外辐射计（SBUV）、空间环境监测仪（SEM）等。NOAA -15～19 是这一阶段后 5 颗星（1998—2009），用先进的微波探测器（AMSUY-A/B）更新了 MSU，去掉了 SSU。这一阶段，卫星性能总体上相对稳定，同时建成了大型地面资料接收处理系统，形成业务应用阶段。

图 2.1　美国联合极轨卫星系统（JPSS）示意图

2011 年美国“国家极轨运行环境卫星系统先期计划”（NPP）卫星的成功发射，启动了新一代美国联合极轨卫星系统（JPSS）（见图 2.1），这是第三阶段。NPP 是 NOAA-19 与 JPSS 两代业务卫星之间的桥梁。JPSS 计划发射 2 颗，JPSS-1/2 预计分别在 2017 和 2023 年发射。NPP 卫星主要装载 5 种仪器：可见光 / 红外成像辐射计（VIIRS）、先进技术微波探测器（ATMS）、跨轨扫描红外探测器（CrIS）、臭氧成图和廓线仪（OMPS）及云和地球辐射能量系统（CERES）。JPSS 除 NPP 的 5 种仪器外，还装载了总太阳辐照度传感器（TSIS）。JPSS 卫星遥感器性能大幅度提高。

除以上卫星外，美国还有军方的国防气象卫星（DMSP），共 20 多颗星，其特色是遥感器具有微波成像仪，能进行微光云图探测等。

2.1.2　欧洲的极轨气象卫星

2006 年，欧洲气象卫星开发组织（EUMETSAT）发射了其第一颗极轨气象卫星（MetOp-A）（见图 2.2），目前已进入业务运行状态。MetOp 系列由 3 颗卫星构成，MetOp-B 于 2012 年发射，MetOp-C 预计在 2017 年发射。该系列卫星包括 9 种对地遥感仪器：先进的甚高分辨率辐射计（AVHRR）、高分辨率红外探测器（HIRS）、先进的微波探测器（AMSU-A）、微波湿度探测器（MHS）、红外大气探测干涉器（IASI）、全球臭氧监测仪（GOME）、GPS 探测器（GPS-S）、先进的微波散射计（ASCAT）和空间环境监视仪（SEM）。上述仪器中，前 4 种由美国 NOAA 提

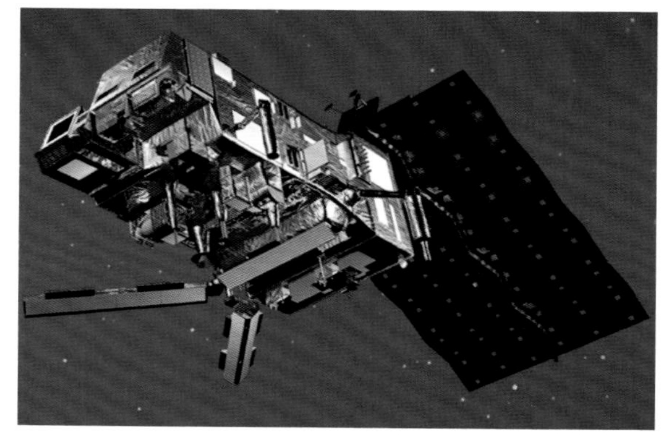
图 2.2　欧洲第一颗极轨气象卫星 MetOp-A 示意图

供，后 5 种由欧洲自行研制。

2.1.3 双星运行全球观测系统

美国和欧洲已达成联合极轨业务卫星系统计划协议，当前主用卫星为 NOAA-18/19，过赤道地方时约为 13:30，MetOp-A/B 过赤道地方时约为 09:30，两种卫星信息格式是兼容的，配对形成双星运行全球观测系统。

2.1.4 俄罗斯（包括前苏联）

自 1969 年以来，发射的流星（Meteor-1/2/3/3M）系列卫星超过 65 颗，数据未公开共享。

2.2 静止气象卫星

2.2.1 美国的静止气象卫星

1966 年，美国国家航空航天局（NASA）发射了首颗地球静止卫星（ATS-1），携带旋转扫描云相机，可每 20 分钟提供一次地球全圆盘可见光图像，ATS 卫星共发射 6 颗（1966—1972）。1974 和 1975 年，NASA 又发射了 2 颗地球同步轨道气象卫星（SMS-1/2），探测器为可见光和红外自旋扫描辐射计（VISSR）。

美国第一颗静止业务环境卫星（GOES-1）于 1975 年发射。GOES-1/2/3 为第一代（1975—1978），搭载了 VISSR。GOES-4～7 为第二代（1980—1987），搭载了 VISSR 和垂直大气探测器（VAS），这两代卫星姿态都是自旋稳定。GOES-8～12 为第三代（1994—2001），卫星姿态改成三轴稳定，成像与垂直探测可以独立同时进行。当前运行的 GOES-13/14/15 为第四代（2006—2010），具有 5 通道成像辐射计、19 通道大气探测器、空间环境监视器、太阳 X 射线成像仪。

美国静止气象卫星通常保持 2 颗业务卫星，分别定位于 75°W 和 135°W，对美洲、大西洋西部及太平洋东部进行监测。

美国下一代静止业务环境卫星的第一颗卫星 GOES-R（见图 2.3）计划于

2015 年发射。载荷先进基线成像仪（ABI），有 16 个通道，包括 6 个可见光和近红外通道、10 个红外通道，空间分辨率可见光为 0.5 km，近红外为 1 km，红外为 2 km，全圆盘图成像时间约 5 分钟。它提供了分辨率更高、通道更多、速度更快的成像能力。GOES-R 撤除了垂直大气探测器，将搭载闪电成像仪（GLM），首次提供闪电监测能力；搭载空间环境监测器（SEISS）、太阳紫外成像仪（SUVI）、远紫外和 X 射线辐照度探测器（EXIS）、磁力计（MAG），增强了空间环境监测。

图 2.3　美国静止业务环境卫星 GOES-R 示意图

2.2.2　欧洲的静止气象卫星

欧洲气象卫星开发组织（EUMETSAT）于 1977 年发射了其第一颗地球同步气象卫星（Meteosat-1），第一代卫星共 7 颗，是自旋稳定卫星，主要载荷为 3 通道可见光红外扫描辐射计，它首次在静止气象卫星上获得了水汽图像。

EUMETSAT 目前在轨业务运行的是第二代静止业务气象卫星，共 4 颗，Meteosat-8/9/10 已分别于 2002、2005、2012 年发射，仍然是自旋稳定卫星，扫描辐射计有 12 个通道，空间分辨率为可见光通道 1 km，红外和水汽通道 3 km，圆盘图观测时间为 15 分钟，观测数据量化等级为 10 bit。

EUMETSAT 第三代静止业务气象卫星（MTG）的第一颗星预计于 2020 年发射（见图 2.4），将采用三轴稳定工作姿态，携带新型多

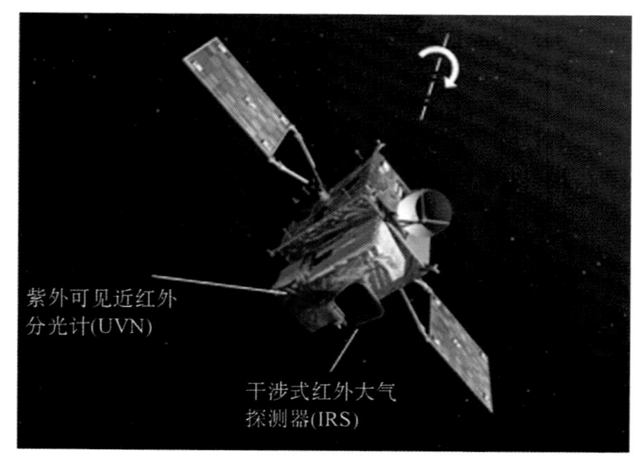

图 2.4　欧洲第三代静止业务气象卫星（MTG）示意图

光谱成像仪和大气垂直探测器。

2.2.3 其他国家的静止气象卫星

除了美国、欧洲外，日本、印度、俄罗斯、韩国等也发展各自的静止气象卫星，见表 2.1。

表 2.1 其他国家的静止气象卫星

国家	卫星	发射时间（年）	主要载荷
日本	GMS-1～5	1977—1995	卫星自旋稳定，装载了 4 通道 VISSR（包括可见光、水汽、长波红外分裂窗通道）
	MTSAT-1R MTSAT-2	2005，2006	卫星三轴稳定，装载了 5 通道 JAMI，在 VISSR 基础上增加了中波红外通道
印度	INSAT-1（4 颗）、 INSAT-2A/B/E、 INSAT-3A	1982—2003	3 通道 VHRR、CCD 相机
	INSAT-3D	2009	6 通道成像仪、19 通道垂直探测仪
俄罗斯	GOMS	1994	3 通道辐射计
	Electro-L N1	2011	10 通道辐射计
韩国	COMS-1	2010	5 通道成像仪、海洋水色仪

2.3 对地观测和科学实验气象观测卫星

美国国家航空航天局（NASA）、欧洲空间局（ESA）、法国国家空间研究中心（CNES）、日本宇宙航空研究开发机构（JAXA）、印度空间研究组织（ISRO）等研制和运行了大量的对地观测和科学实验卫星，发展新型遥感技术，进行应用试验，其中一部分如表 2.2 所列。在这些卫星中，有些取得了显著的应用效果。例如，热带测雨任务（TRMM）卫星的测雨雷达对热带降水的测量，对地观测系统（EOS）Terra/Aqua 卫星的中分辨率成像光谱仪（MODIS）对陆地和海洋生态环境的测量，都是颇具盛名的。

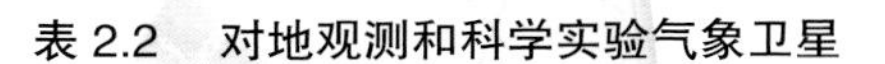

表 2.2　对地观测和科学实验气象卫星

卫星	运行者	发射时间（年）	主要载荷和用途
EP	NASA	1996	总臭氧光谱成像仪，测量臭氧总量及日变化
TRMM	JAXA/NASA	1997	测雨雷达，测量热带降水雨量
ACRIMSaT	NASA	1999	有源空腔辐射器，辐射监测
EOS-Terra	NASA	1999	MODIS 等多种遥感器，测量大气、陆地、海洋以及与太阳辐射相互作用
ENVISAT	ESA	2002	多种遥感器，分别对陆地、海洋、大气进行观测
ICESAT	NASA	2003	激光高度计，测量冰层地形图、冰层高度变化、云和气溶胶高度、陆地地形图、植被覆盖
SORCE	NASA	2003	太阳总辐射测量和全光谱辐射测量
SMOS	ESA	2009	海洋盐度和土壤湿度测量
CRYOSAT-2	ESA	2009	极地冰测量
OCO	NASA	2009	大气二氧化碳监测。发射失败，卫星未正确入轨
Glory	NASA	2009	测量自然和人为气溶胶全球分布，供气候变化研究
OCEANSAT-2	ISRO	2009	海洋水色仪、散射计、无线电掩星大气探测器，海洋、气象观测
Aquarius	NASA	2011	L 波段微波辐射计
Megha-Tropiques	ISRO/CNES	2011	微波探测仪、湿度垂直探测器、扫描辐射计、无线电掩星传感器，研究热带水循环和能量交换
GPM	NASA/JAXA	2013	双频降水雷达、微波成像仪，全球雨量测量，为 TRMM 任务的延续和扩展
OCO-2	NASA	2014	高分辨率光栅分光计，监测全球大气二氧化碳
GCOM-C1	JAXA	2014	第二代全球成像仪，研究气候变化
Sentinel-3	ESA EUMETSAT	2014	可见光 / 红外成像仪、水色仪、双频雷达高度计，测量海貌、海表和陆表温度、水色等
Sentinel-5P	ESA	2015	测量大气成分
Earth-CARE	ESA/JAXA	2015	云雷达、激光雷达、多波段红外辐射计、辐射测量仪，全球云、气溶胶和辐射观测
ADM-Aeolus	ESA	2015	激光雷达，风廓线测量
ICESAT-2	NASA	2016	激光高度计，测量极地冰层高度变化、植被覆盖
ACE	NASA	2020	云雷达、激光雷达、多波段紫外 / 可见光分光计、多通道偏振辐射计，为气候和水循环提供气溶胶、云、生态探测
ASCENDS	NASA	2020	CO_2 激光雷达
HyspIRI	NASA	2020	高光谱热红外成像仪、可见光成像分光计，生态监测
3D Winds	NASA	2030	多普勒激光雷达，三维对流层风测量
GACM	NASA	2030	红外分光计、紫外分光计、微波临边探测仪，臭氧和多种气体测量

为了用多卫星同时对地球大气参数观测，以更好地了解地球系统，NASA组织了“A-Train”队列观测计划。这些卫星都是太阳同步轨道，过赤道地方时在13:30左右，相差几秒到几分钟。目前有6颗卫星飞行在“A-Train”队列中，如表2.3所列。

表 2.3 A-Train 队列卫星

卫星	运行者	发射时间（年）	主要载荷
EOS-Aqua	NASA	2002	大气红外探测器（AIRS）、先进的微波探测器（AMSU-A）、湿度探测器（HSB）、先进微波扫描辐射计（AMSR-E）、中分辨率成像光谱仪（MODIS）、云和地球辐射能量系统（CERES）
Aura	NASA	2004	高分辨率动态临边探测器（HIRDLS）、微波临边探测器（MLS）、臭氧监测仪（OMI）、对流层辐射光谱仪（TES）
PARASOL	CNES	2004	地球反射率极化和方向性测量仪（POLDER）
CALIPSO	NASA/CNES	2006	云—气溶胶偏振激光雷达（CALIOP）、成像红外辐射计（IIR）、宽视场照相机（WFC）
CloudSAT	NASA	2006	云廓线雷达（CPR：94 GHz）
GCOM-W1	JAXA	2012	先进微波扫描辐射计（AMSR2）

第 3 章　我国的气象卫星

3.1 极轨气象卫星

3.1.1　风云一号气象卫星

我国第一代极轨气象卫星 FY-1 如图 3.1 所示，卫星本体为正六面体，顶面和底面的面积为 1.4 m×1.4 m，4 个侧面为 1.4 m×1.2 m，星体双侧安装太阳能电池帆板，遥感器和通信天线安装在对地面上。FY-1 卫星的轨道高度约 900 km，轨道周期约 102 分钟，姿态控制为三轴稳定，主要载荷是两台可见光、红外扫描辐射计，互为备份，并载有空间环境监测器。

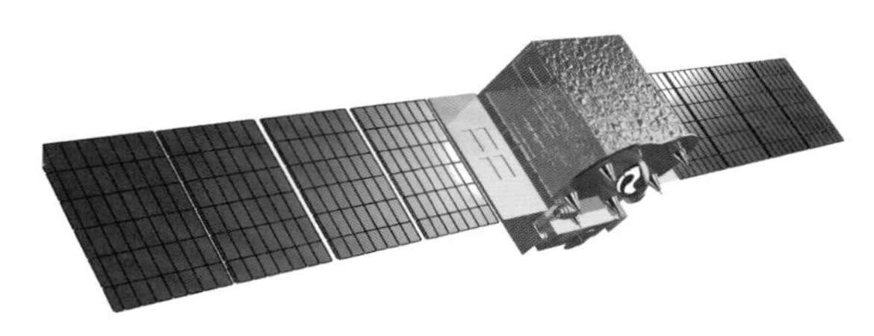

图 3.1　FY-1 卫星

FY-1 试验卫星由 FY-1A/B 2 颗组成，分别于 1988 年 9 月 7 日和 1990 年 9 月 3 日发射，获取了高质量的可见光和红外云图。在试验卫星的基础上，发展了业务卫星 FY-1C/D。与 FY-1A/B 相比，其技术状态的变化主要是大大增强了卫星的可靠性，实现了全球定量观测，扫描辐射计探测通道由 5 个增至 10 个。

扫描辐射计的星下点分辨率为 1.1 km，每条扫描线具有 2 048 个扫描点，大约覆盖 3 200 km 的范围，每个探测数据的量化等级为 10 bit，10 个通道的波长范围和主要用途如表 3.1 所示。扫描辐射计的实时探测数据可通过高分辨率图像传输（HRPT）信道发送，在全球广播，还可通过延时图像传输（DPT）信道，将星上存储的 4 个通道（1、2、4、5 通道）、约 3 km 分辨率的全球资料发至 FY-1 应用系统的地面接收站。

表 3.1 FY-1C/D 扫描辐射计通道的波长范围和主要用途

通道序号	波长范围（μm）	主要用途
1	0.58～0.68	白天云图、植被监测、冰雪覆盖
2	0.84～0.89	白天云图、水陆边界、植被监测、洪水监测、大气校正
3	3.55～3.93	夜晚云图、表面温度、高温热源、森林防火
4	10.3～11.3	昼夜云图、海温、地表温度
5	11.5～12.5	昼夜云图、海温、地表温度
6	1.58～1.64	冰雪监测、干旱监测、云的相态识别
7	0.43～0.48	海洋水色
8	0.48～0.53	海洋水色
9	0.53～0.58	海洋水色
10	0.900～0.965	水汽

FY-1C 卫星于 1999 年 5 月 10 日发射，正常工作接近 5 年。FY-1D 于 2002 年 5 月 15 日发射，已工作 10 年以上。FY-1C/D 在天气预报、气候预测、自然灾害和生态环境监测、航空、航海等诸多方面发挥了重要作用。FY-1C 卫星的第一张可见光合成图像见图 3.2，它恰似一条吞云吐雾的腾飞巨龙。

FY-1 卫星与美国的 NOAA 卫星相比，除了只有可见光红外扫描辐射计一种遥感器外，其他性能都大致相当，甚至是兼容的。

FY-1 是我国民用遥感卫星中最先研制和发射的卫星，是开路先锋。它的成功，解决了太阳同步轨道卫星的发射和精确入轨、长寿命的三轴稳定姿态卫星平台、高质量的可见红外扫描辐射计、全球资料的星上存储和回放等一系列关键技术问题，也解决了对卫星的长期业务测控和管理、地面资料接收处理应用系统的建设和长期业务运行等重要课题，对我国气象卫星及遥感卫星的发展做出了不可磨灭的贡献。

图 3.2　FY-1C 卫星的第一幅可见光合成图像

3.1.2　风云三号气象卫星

FY-3 卫星是我国第二代极轨气象卫星（见示意图 3.3），实现了全球、全天候、多光谱、三维、定量、高精度对地观测，可满足现代气象业务特别是数值天气预报（简称数值预报）的需求，能为研究全球变化、进行气候诊断和预测提供各种地球物理参数，同时可监测大范围自然灾害和生态环境变化，为农、林、牧、海洋、水文等多领域提供服务。

FY-3 卫星的研制和发射分两个批次。01 批为试验卫星，有 2 颗。FY-3A 于 2008 年 5 月 27 日发射，卫星由北向南经过赤道（降交点）的地方时约为 10:05（因此也称为上午星）。FY-3B 于 2010 年 11 月 5 日发射，卫星由南向北经过赤道（升交点）的地方时约为 13:39（因此也称为下午星）。FY-3A/B 卫星遥感仪器涉及可见、红外、紫外、微波多个谱段，总共有 11 台（套），各个仪器的主要性能见表 3.2。

FY-3 02 批为业务卫星，有 5 颗，设计寿命 4 年，可以持续使用 10 年以上，

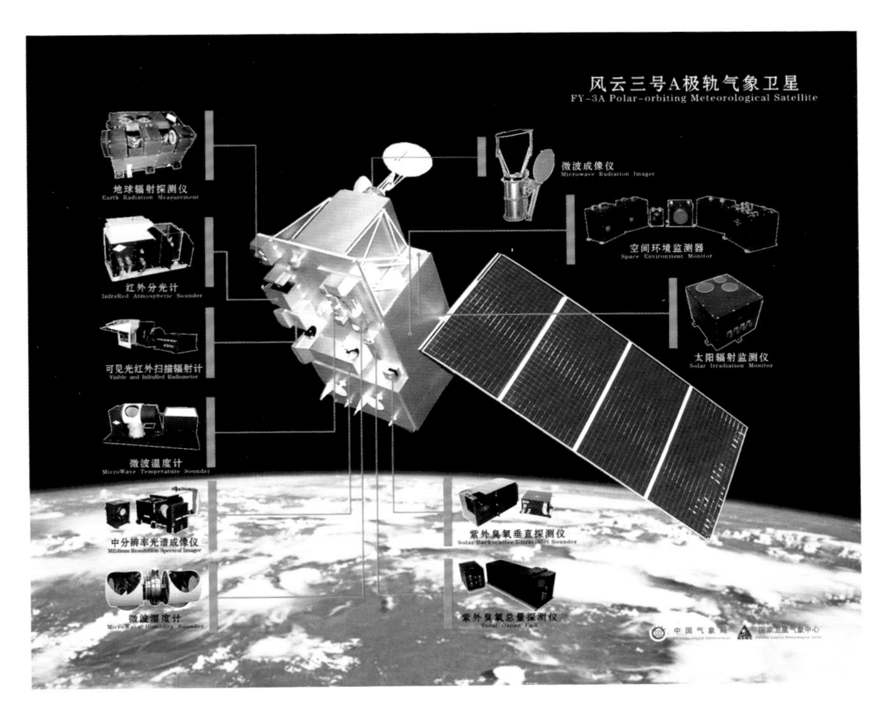

图 3.3　FY-3 卫星

卫星按上、下午星布局安排，所配置的仪器见表 3.3。FY-3C 已于 2013 年 9 月 23 日发射，经过在轨测试，各项性能都非常好。

国家卫星气象中心已与欧洲中期天气预报中心（ECMWF）合作数年，对 FY-3 观测数据进行检验，并同化应用在其数值预报模式中。试验研究结果表明：FY-3 数据质量很好，完全可以在其数值预报业务系统中应用。最近，美国和欧洲都向中国建议，希望发射 FY-3 晨昏星，与欧洲上午星、美国下午星组网，以取得更好的全球数据覆盖。我国已经同意此建议，并正在实施中。

表 3.2　FY-3A/B 星载仪器基本参数

仪器名称	光谱范围	光谱通道数	扫描宽度	星下点分辨率（km）	量化等级（bit）	主要应用
可见光红外描辐射计（VIRR）	0.43～12.5 μm	10	± 55.4°	1.1	10	云、植被、雪、冰、陆 / 海表温度、气溶胶、火点等

续表

仪器名称	光谱范围	光谱通道数	扫描宽度	星下点分辨率（km）	量化等级（bit）	主要应用
红外分光计（IRAS）	0.69～15.5 μm	26	± 49.5°	17.0	13	大气温度、湿度廓线，射出长波辐射等
微波温度计（MWTS）	50～57 GHz	4	48.6°	50～75	13	大气温度廓线、地表辐射率
微波湿度计（MWHS）	150～183 GHz	5	± 48.95°	15	14	大气湿度廓线、降水强度
中分辨率光成像仪（MERSI）	0.41～12.5 μm	20	± 55.4°	0.25～1.0	12	真彩色图像、云、植被、陆地覆盖类型、海色等。
紫外臭氧垂直探测仪(SBUS）	252～379 nm	12		200	12	臭氧垂直分布
紫外臭氧总量探测仪（TOU）	308～360 nm	6	± 56.0°	50	12	臭氧总量
微波成像仪（MWRI）)	10.65～89 GHz	10	± 45.0°	9～85	12	降水和云水、大气可降水、地表土壤水分、积雪等
地球辐射监测仪（ERM）	0.2～3.8 μm 0.2～50 μm	2	± 50.0°	35	16	反射太阳辐射通量、射出长波辐射通量
太阳辐射监测仪（SIM）	0.2～50 μm	1			16	太阳常数
空间环境监测仪（SEM）	3.0～300 MeV 0.15～5.7 MeV					探测高能粒子、卫星表面电位差和单粒子事件等

表 3.3　FY-3 02 批卫星遥感仪器基本配置

序号	卫星名称 / 探测仪器	FY-3C（上午星）	FY-3D（下午星）	FY-3E（上午星）	FY-3F（下午星）	FY-3G（上午星）
1	中分辨率光谱成像仪（Ⅰ、Ⅱ型）	（Ⅰ型）	（Ⅱ型）	（Ⅱ型）	（Ⅱ型）	（Ⅱ型）
2	微波温度计（Ⅱ型）	√	√	√	√	√
3	微波湿度计（Ⅱ型）	√	√	√	√	√
4	微波成像仪	√	√		√	

续表

序号	卫星名称 / 探测仪器	FY-3C（上午星）	FY-3D（下午星）	FY-3E（上午星）	FY-3F（下午星）	FY-3G（上午星）
5	微波散射计			√		
6	红外高光谱大气探测仪		√	√	√	√
7	高光谱温室气体监测仪		√		√	
8	紫外高光谱臭氧探测仪			√		
9	GNOS 掩星探测仪	√	√	√	√	√
10	地球辐射探测仪	√		√		
11	太阳辐射监测仪	√		√		
12	空间环境监测仪器包	√	√	√	√	√
13	红外分光计	√				
14	可见光红外扫描辐射计	√				
15	紫外臭氧探测仪	√				

FY-3 02 批次的第一颗卫星（FY-3C）相对 01 批次卫星有较多的继承性，也有很大的改进，特别是将微波温度和微波湿度计都由Ⅰ型升为Ⅱ型，并增加了 GNOS 掩星探测仪。02 批次从第二颗卫星（FY-3D）开始，改进并增加新型遥感仪器，主要有以下几项：

（1）中分辨率光谱成像仪由Ⅰ型改为Ⅱ型，提高成像观测能力；

（2）改进紫外臭氧探测仪，提高探测精度并增加临边探测模式；

（3）增加红外高光谱大气探测仪，提高大气温度、湿度垂直分布探测能力；

（4）增加高光谱温室气体监测仪，进行大气温室气体和污染气体监测；

（5）增加微波散射计，进行海面风场精确测量。

遥感仪器改进和增加后，将原有的可见光红外扫描辐射计和红外分光计撤销。

3.2 静止气象卫星

3.2.1 风云二号气象卫星

我国第一代静止气象卫星 FY-2 如图 3.4 所示，是一个直径 2.1 m、高 1.6 m 的圆

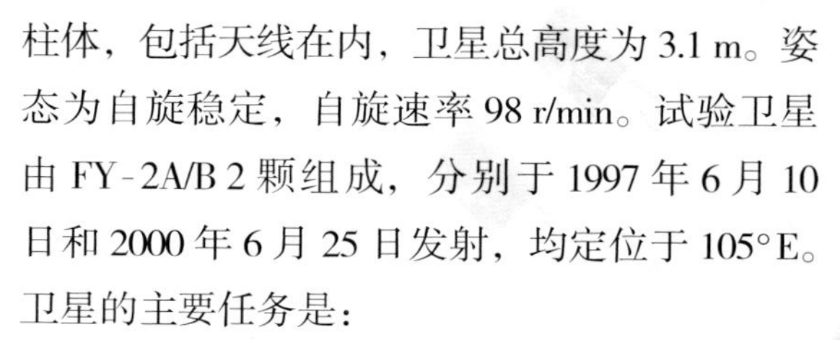

柱体，包括天线在内，卫星总高度为 3.1 m。姿态为自旋稳定，自旋速率 98 r/min。试验卫星由 FY-2A/B 2 颗组成，分别于 1997 年 6 月 10 日和 2000 年 6 月 25 日发射，均定位于 105° E。卫星的主要任务是：

（1）获取可见光、红外云图和水汽分布图；

（2）转发展宽云图和低速率信息传输；

（3）进行数据收集；

（4）空间环境监测。

FY-2A/B 的遥感器为可见光和红外自旋扫描辐射计（VISSR），每半小时可获得一张可见光、红外和水汽圆盘图，也可以根据需要进行区域观测，其主要技术指标见表 3.4。

图 3.4　FY-2 卫星

表 3.4　可见光和红外自旋扫描辐射计（VISSR）主要技术指标

	通道		
	可见光	红外	水汽
波长范围（μm）	0.55～1.05	10.5～12.5	6.2～7.6
分辨率（km）	1.25	5	5
视场角（μrad）	35	140	140
扫描线	2 500×4	2 500	2 500
辐射分辨率	S/N=6.5（反射率=2.5%） S/N=43（反射率=95%）	NEΔT=0.5～0.65 K（300 K）	NEΔT=1 K（300 K）
量化等级（bit）	6	8	8
南北扫描步长（μrad）	140		

FY-2 在试验卫星的基础上，已陆续发射了 4 颗业务卫星，即 FY-2C/D/E/F。与试验星相比，主要改进为扫描辐射计的光谱通道由 3 个增加到 5 个，波长范围改为 0.55～0.90、10.3～11.3、11.5～12.5、6.3～7.6、3.5～4.0 μm，具有与美国和日本同期在轨工作的静止气象卫星相同的探测通道。

FY-2C 于 2004 年 10 月 19 日发射，定位于 105° E。FY-2D 于 2006 年 12 月 8 日发射，定位于 86.5° E。FY-2E 于 2008 年 12 月 23 日发射，定位于 123.5° E。

FY-2F 于 2012 年 1 月 13 日发射，定位于 111.8°E。继 FY-2F 之后，还将发射 FY-2G/H 2 颗星。图 3.5 显示 FY-2C 卫星获取的第一幅可见光圆盘图。

图 3.5 FY-2C 卫星的第一幅可见光圆盘图

FY-2 卫星获取的高质量云图以及生成的云导风等多种产品，已经在我国天气预报业务中发挥了重要的作用，同时，在我国周边以及澳大利亚等国家也得到广泛的应用，成为天气预报中不可缺少的重要信息来源。

3.2.2 风云四号气象卫星

FY-4 是中国第二代静止气象卫星（见示意图 3.6），计划发射 4 颗星，首星计划在2015年前后发射。FY-4采用三轴稳定姿态，主要载荷为：多通道成像仪、傅里叶红外大气探测仪、闪电成像仪和空间天气监测仪器组。

图3.6 FY-4卫星

多通道成像仪具有14个通道，波长覆盖0.45～13.8 μm。可见光图像的水平分辨率为0.5～1 km，红外和水汽为2 km。全圆盘图的获取时间为15分钟，3 000 km×3 000 km区域图为3～5分钟，可以进行区域和时段选择。对于出现灾害性天气的地区，可以随时提供范围为1 000 km×1 000 km、时间间隔为分钟级的连续观测图像。这样，既能观测到大尺度天气系统的全貌，又能观测到中、小尺度天气系统的迅速演变过程的细节。

傅里叶红外大气探测仪的光谱覆盖为：长波红外700～1 130 cm^{-1}（光谱分辨率0.8 cm^{-1}），短/中波红外1 650～2 250 cm^{-1}（光谱分辨率1.6 cm^{-1}）。空间分辨率为星下点16 km，探测区域5 000 km×5 000 km（获取时间约1小时），中小尺度区域1 000 km×1 000 km（获取时间约半小时）。可得到高精度大气温度、湿度的三维分布，能为数值天气预报提供大气探测资料。

闪电成像仪的中心波长为777.4 nm，帧时为2 ns，探测区域为

5 120 km × 5 120 km，空间分辨率为 10 km，探测率 > 90%，虚警率 < 10%。闪电被称为强对流天气“示踪器”，通过闪电成像仪可实现对强对流天气的实时、连续、不间断监测和跟踪。

空间天气探测仪器的主要功能为：对太阳活动、空间带电粒子、磁场活动和空间天气效应的监测，可与美国 GOES 卫星相互配合，实现对全球空间天气扰动的实时监测。

3.3 国内外气象卫星比较

中国、美国及欧洲已发射和计划发射的极轨和静止气象卫星列于表 3.5，中国 FY-3 02 批、美国 JPSS 和欧洲 EPS-SG 极轨气象卫星的观测能力和所载遥感器见表 3.6，中国 FY-4、美国 GOES-R 和欧洲 MTG 静止气象卫星的观测能力和所载遥感器见表 3.7。

表 3.5 中国、美国及欧洲的气象卫星

国家或区域	极轨气象卫星		静止气象卫星	
	已发射	计划发射	已发射	计划发射
美国	TIROS-1～10，ESSA-1～8，ITOS-1，NOAA-1～5，TIROS-N，NOAA-6～19，NPP（1960—2012）	JPSS-1/2（—2023）	ATS-1～6，SMS-1～2，GOES-1～15（1966—2012）	GOES-R/S/T/U（—2036）
欧洲	MetOp-A/B（2006—2012）	MetOp-C，EPS-SG（—2030）	Meteosat-1～9（1977—2012）	Meteosat-10/11，MTG-I/S（—2030）
中国	FY-1A/B/C/D，FY-3A/B/C（1988—2013）	FY-3D/E/F/G（—2022）	FY-2A/B/C/D/E/F（1997—2012）	FY-2G/H，FY-4A/B/C/D（—2030）

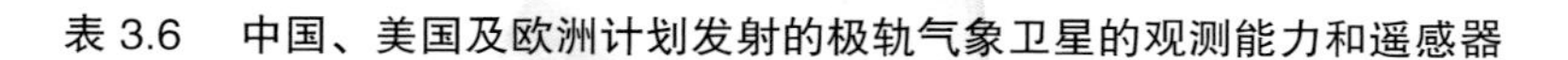

表 3.6　中国、美国及欧洲计划发射的极轨气象卫星的观测能力和遥感器

主要观测能力	遥感器		
	中国 FY-3 02 批（2013—）	美国 JPSS（2017—）	欧洲 EPS-SG（2020—）
云、海洋和陆地表面观测	中分辨率光谱成像仪（MERSI-II）	可见光 / 红外成像辐射计（VIIRS）	可见光 / 红外成像仪（VII）
大气温度、湿度廓线探测	红外高光谱大气探测仪	跨轨扫描红外探测器（CrIS）	红外大气探测器（IAS）
全天候条件下大气温度、湿度廓线探测	微波温度计（MWTS-Ⅱ）、微波湿度计（MWHS-Ⅱ）	先进技术微波探测器（ATMS）	微波大气探测器（MWS）
臭氧、痕量气体总量和垂直廓线探测	紫外臭氧垂直探测仪（SBUS）、紫外臭氧总量探测仪（TOU）	臭氧成图和廓线仪（OMPS）	紫外可见近红外探测器（UVNS）
云和地球辐射能量探测	地球辐射监测仪（ERM）	云和地球辐射能量系统（CERES）	无
太阳辐照度探测	太阳辐射监测仪（SIM）	太阳辐射监测仪	总太阳辐照度传感器（TSIS）
云、可降水、海洋和陆地表面观测	微波成像仪（MWRI）	无	微波成像仪（MWI）
海洋表面风速、风向探测	微波散射计	无	散射计（SCA）
平流层、对流层大气温度、湿度廓线探测	GNOS 掩星探测仪	无	无线电掩星探测仪（RO）
气溶胶特性、空气质量探测	无	无	多视角多通道多极化成像仪（3MI）
大气温室气体监测	高光谱温室气体监测仪	无	紫外可见近红外探测器（UVNS）
冰云探测	无	无	冰云成像仪（ICI）
空间环境监测	空间环境监测仪（SEM）	无	无

表 3.7　中国、美国及欧洲计划发射的静止气象卫星的观测能力和遥感器

主要观测能力	遥感器		
	中国 FY-4（2015—）	美国 GOES-R（2016—）	欧洲 MTG（2020—）
可见、近红外和红外云图观测	可见近红外红外成像仪	先进基线成像仪（ABI）	灵活组合成像仪（FCI）

续表

主要观测能力	遥感器		
	中国 FY-4 （2015—）	美国 GOES-R （2016—）	欧洲 MTG （2020—）
大气温度、湿度廓线探测	干涉式分光红外大气探测仪	无	干涉式红外大气探测器（IRS）
臭氧、痕量气体总量和垂直廓线探测	无	无	紫外可见近红外分光计（UVN）
闪电探测	闪电成像仪	闪电成像仪（GLM）	闪电成像仪（LI）
太阳 / 空间环境监测	空间环境仪器包	空间环境仪器包（SEISS，SUVI，EXIS，MAG）	无

从上面 3 个表的对比可以看出：我国在轨运行的极轨和静止气象卫星与美国和欧洲的同类卫星相比，遥感器的配置大体相当，观测能力相近，已可与美、欧星一起作为业务星工作。但我国气象卫星总体技术水平略差，特别是在定标、可靠性方面有待提高，高光谱分辨率的干涉仪我们还未上天。

从美国的极轨和静止业务气象卫星的发展计划来看，遥感器的配置与当前在轨星大体相当，并未有多少增加，但性能大幅度提高，寿命已大体按 10 年安排，表现出其技术走向成熟的一面。从技术状态看，我国计划发射的气象卫星，在一些性能上，特别是稳定性、可靠性方面，可能还会略有差距，但中、美、欧的观测能力和技术水平已大体相当。

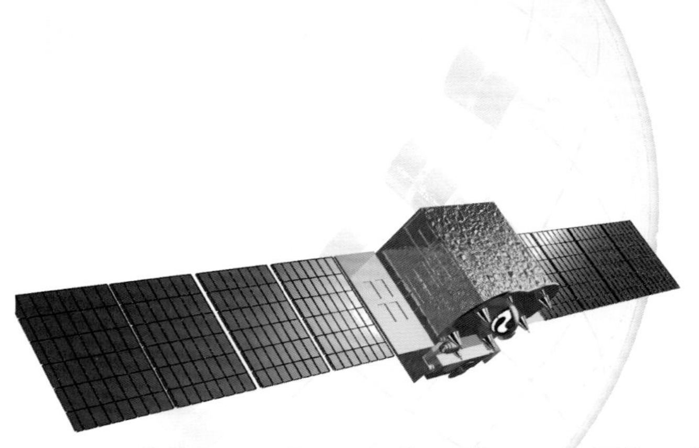

第 4 章　气象卫星遥感原理

4.1 遥感和辐射的基本概念

遥感可以定义为对探测目标不直接接触，从一定距离以外对目标的电磁辐射进行测量，从而探测目标特性的科学和技术。

电磁辐射按波长可分为 γ 射线、X 射线、紫外、可见光、红外、微波、无线电波等波段，电磁波谱图见图 4.1。其中，红外波段又可分为近红外、短波红外、中波红外和长波红外波段。中波红外和长波红外又统称为热红外。

任何物体都会发射电磁辐射，也会吸收射于其上电磁辐射。如果有一种物体，能够把射于其上的所有波长的辐射全部吸收，则称此物体为黑体。因此，将黑体定义为对电磁辐射的吸收率等于 1 的物体。黑体是个理想模型。在任一波长，物体发射辐射的发射率等于其对辐射的吸收率。

普朗克定律是一个经常使用的著名定律，它描述了从一个黑体中发射的电磁辐射的辐射率与黑体温度和波长的关系：

$$I(\lambda,T)=\frac{2hc^2}{\lambda^5}\frac{1}{e^{\frac{hc}{\lambda kT}}-1}$$

式中，I 是辐射率，T 是黑体绝对温度（K），λ 是辐射波长（μm），c 是光速（$c\approx2.998\times10^8$ m/s），h 是普朗克常量（$h\approx6.626\times10^{-34}$ J·s），k 是玻尔兹曼常数（$k\approx1.381\times10^{-23}$ J/K），e 是自然对数的底（$e\approx2.718$）。

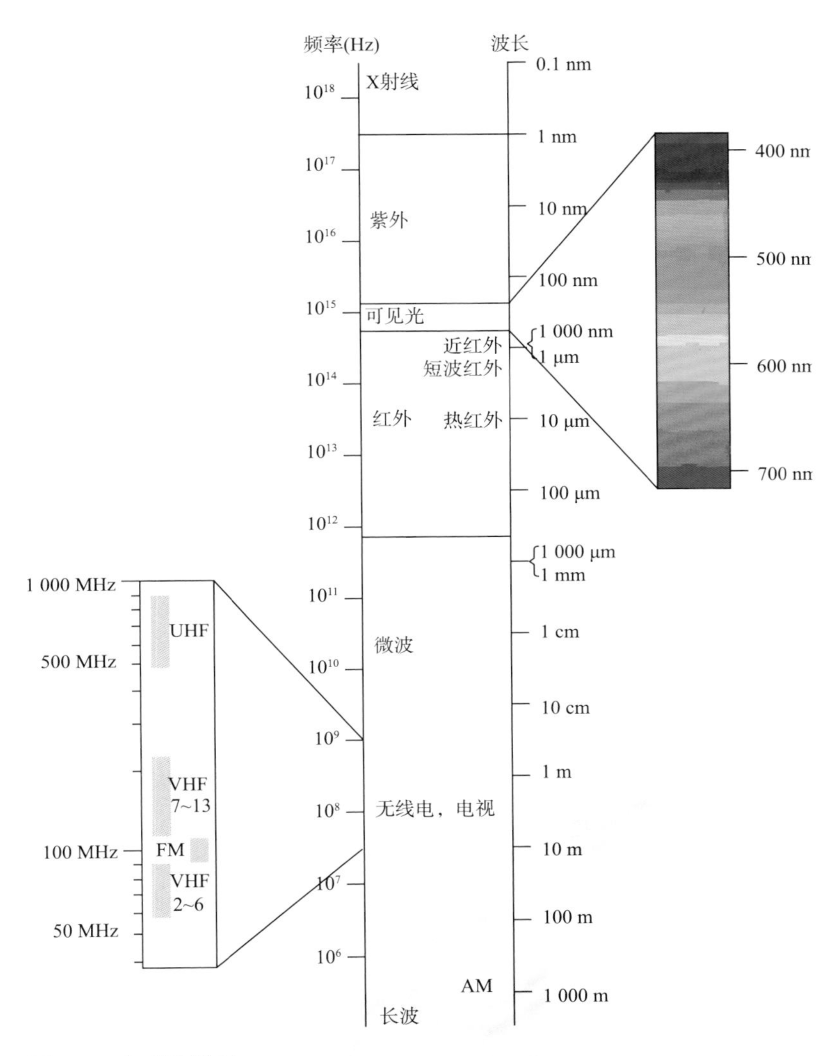

图 4.1　电磁波谱图

4.2 太阳和地球辐射

日地平均距离为 149 597 870 km（1 个天文单位），太阳电磁辐射传播到地面的时间为 499.004 782 s。因为太阳距离地球很远，所以在通常情况下，太阳照射到地面的光线被看作平行光，即入射的方向一致。

太阳常数是指：在地球大气外，距离太阳 1 个天文单位的地方，垂直于太阳光束方向的单位面积上，在单位时间内接收到的所有波长的太阳总辐射能量。太阳常数值通常定为 1.368×10^3 W/m^2，基本稳定，一年中的变化在 1% 左右。太阳表面温度约为 6 000 K，图 4.2 描绘了黑体在 6 000 K 时的辐射曲线、在大气层外接收到的太阳辐射照度曲线以及太阳辐射穿过大气层后在海平面处接收到的太阳辐射照度曲线。

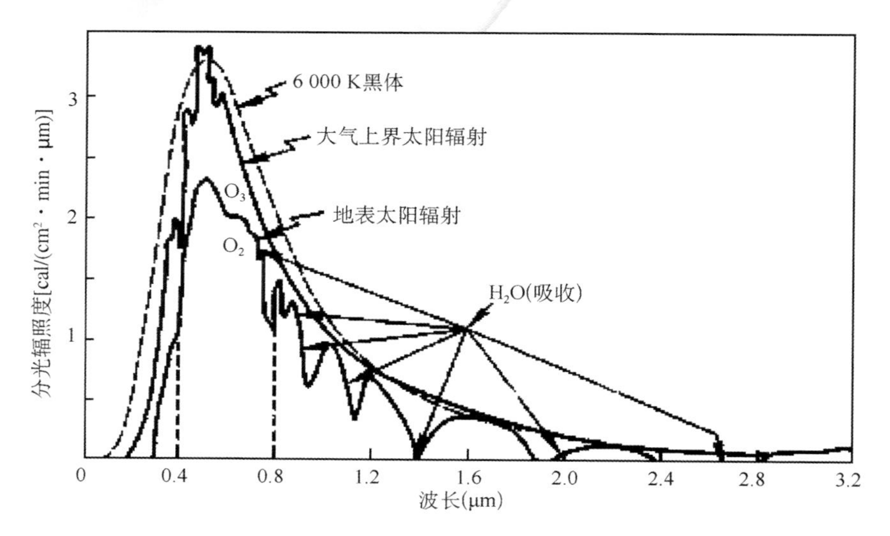

图 4.2　太阳辐照度分布曲线

从大气层外太阳辐射照度曲线可以看出，太阳辐射的光谱基本上是连续光谱，且辐射特征与黑体辐射特征近似，最大辐射对应的波长为 0.47 μm 。太阳辐射能量主要集中在紫外、可见光到短波红外波段，即 0.3～2.5 μm ，约占太阳总辐射的 84.62%，且强度变化小。在其他波段，如 X 射线、γ 射线、远紫外及微波波段，其辐射加起来还不到太阳总辐射的 1%。

地球自身发出的辐射接近于温度为 300 K 的黑体辐射，辐射能量主要集中在热红外波段，峰值在 10 μm 左右。在 2.5～6 μm 这一中波红外波段，地球对太阳辐射的反射与地表物体自身热辐射的能量相近，二者均不能忽略。

图 4.3 对比了从卫星上测出的地球辐射与相应黑体辐射之间的关系。当辐射通过大气时，由于大气中的水汽、二氧化碳、臭氧等的吸收，实际的辐射如图中的不平滑曲线所示。

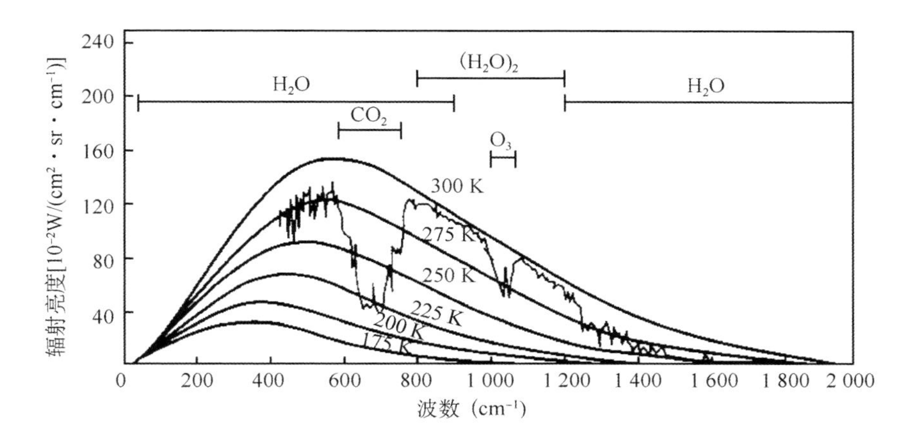

图 4.3　从卫星上测出的地球辐射与相应黑体辐射之间的关系

4.3 地球大气和地表及其辐射特征

地球被大气圈所包围，离地面越高，大气越稀薄。按大气温度的垂直结构，可把大气圈分为对流层、平流层、中间层和热层，如图 4.4 所示。

地面以上大气的最底层称为对流层，对流层顶的高度约为 10 km，气压约为 200 hPa，对流层对整个大气圈而言只是很薄的一层，但它集中了大气质量的 75% 以上，几乎全部水汽、云和降水，主要天气现象，如寒潮、台风、雷电等，都发生在这一层。对流层的主要特征是温度随高度升高而降低，大约每升高 1 km 降低 6.5 ℃。

对流层顶向上到大概 50 km 左右的这一层为平流层，平流层顶的气压约为 1 hPa。平流层下部温度随高度变化很小，平流层上部因为存在臭氧层，臭氧吸收太阳紫外辐射使大气温度增加，这种下部冷、上部热的逆温结构使平流层大气稳定，对流很弱，空气大多做水平运动。大气污染物、火山喷发的火山灰等，能在平流层内滞留很长时间。

平流层顶到 85 km 左右称为中间层，中间层顶气压约 0.01 hPa。中间层大气温度随高度递减，水汽极少，有相当强的垂直混合，60 km 以上大气分子开始电离，电离层的底部就在中间层内。

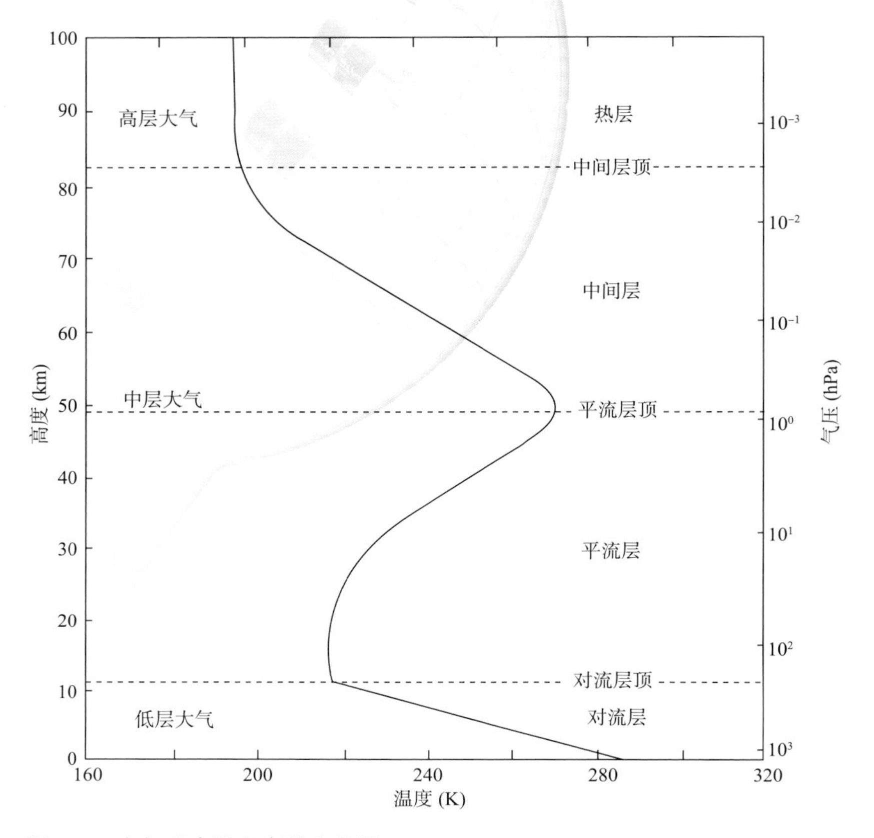

图 4.4　大气垂直温度廓线和分层

中间层顶以上到 500 km 的这一层称为热层。由于热层的分子氧和原子氧能吸收太阳紫外辐射和微粒辐射，所以这一层温度又随高度升高而增加，很难有对流运动，造成巨大温度梯度和昼夜温差。中间层在太阳活动期白天温度高达 2 000 K，太阳宁静期夜间仅 500 K。热层空气处于高度的电离状态。

在构成大气的气体中，氮气（N_2）和氧气（O_2）约占 99%，氩气（Ar）、水汽（H_2O）、二氧化碳（CO_2）、臭氧（O_3）及其他气体（N_2O、CH_4、NH_3 等）约占 1%，图 4.5 给出了主要吸收气体的混合比垂直廓线。大气中还包含各种气溶胶、云和降水等微粒。其中，气溶胶是一种固体、液体的悬浮物，由尘埃、盐粒等组成一个核心，在核心以外包有一层液体。

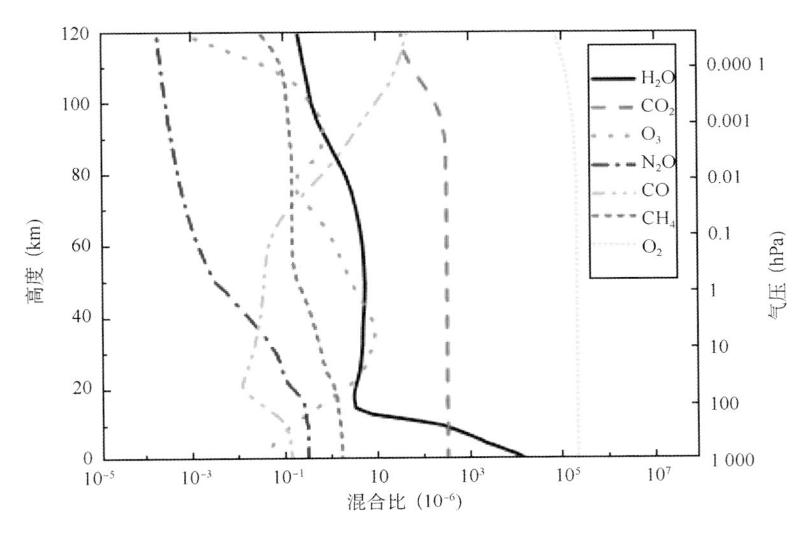

图 4.5　不同气体的垂直分布廓线

气体分子对不同波长的辐射有强烈而复杂的吸收光谱，图 4.6 为主要吸收气体的光谱分布图。对流层中，水汽是最重要的吸收气体，其次是 CO_2；平流层中，H_2O、CO_2 和 O_3 的吸收作用相当；中间层大气中的主要吸收气体是 CO_2。

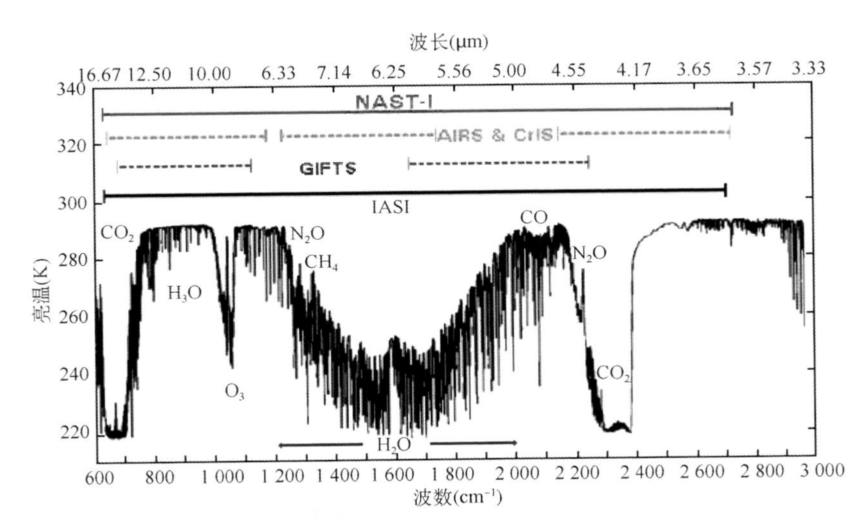

图 4.6　不同气体的吸收光谱

大气中的气体分子和微粒对辐射都有不同程度的散射，散射强度与分子和微粒的直径、辐射波长密切相关，通常有以下三种情况：

（1）瑞利散射：大气中分子的直径比辐射波长小很多，散射强度与波长的四次方成反比。在可见光波段，蓝光波长短，散射强，所以整个天空看起来呈蓝色。在红外和微波波段，瑞利散射几乎可以忽略。

（2）米氏散射：大气中的微粒，如烟、尘埃、小水滴或气溶胶等，直径较大，与辐射波长相当，一般而言，其散射强度与波长的二次方成反比，并且方向性比较明显，前向散射光的比后向强。

（3）无选择性散射：云雾中水滴、冰晶粒子直径比可见光波长大很多，散射强度与波长无关，各个波长的光散射强度相同，因而使云雾呈白色。

地球表面又称为地球大气的下垫面，包括陆地和海洋。地表中不同的地物，如水面、积雪、海冰、沙漠、植被等，在不同波长对太阳辐射具有不同的反射率，自身的热辐射在不同的波长又具有不同的辐射率，这种特性称为地物波谱。对地物的遥感，要根据地物波谱来选择通道的波长。图 4.7 显示了在太阳辐射波段，海水、积雪、沙漠、树木的反射率分布和 O_2、CO_2 吸收带的位置。

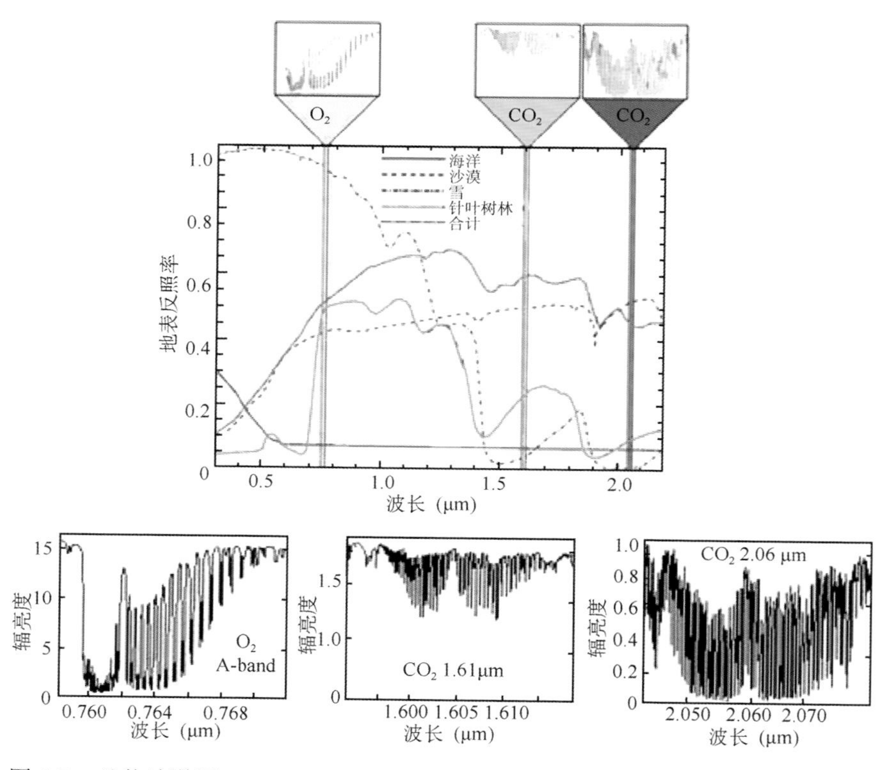

图 4.7 地物波谱图

4.4 遥感原理和大气辐射传输

利用反射的太阳光，可在卫星上探测地表的特性，也可探测大气中某些气体的含量。

探测地表特性的依据是地物波谱的差异，需要选取窗区通道，窗区即大气吸收少的波长区域。例如，我们可在 0.65 μm 、0.84 μm 附近设 2 个窗区通道。从图 4.7 地物波谱中可以看出：在 0.84 μm 通道，陆表反射率比水面的反射率高得多，很容易将陆地和水面区分开；植被反射率在 0.65 μm 很低，在 0.84 μm 很高，而其他地物反射率变化不大，于是又可将植被从陆地表面中区分出来。

使用两个波长较近的通道，一个选在窗区，一个选在大气中某气体吸收带，如图 4.7 中 1.6 μm 附近的 CO_2 吸收带，这两个通道对太阳光的地表反射和大气散射的特性差别不大，其反射率的差别主要由 CO_2 吸收产生，于是由反射率差可推算出大气中 CO_2 的含量。

通过选取各种波段通道的组合，可以识别各种地物，并获取地物各种特性的物理量，当然这就要做探测数据的定量处理，即要应用大气辐射传输方程。这里给出最简单的公式以作示意，卫星上遥感器某通道所测的辐射强度 I 可表示为：

$$I = rI_0t_1t_2$$

式中，I_0 为太阳入射辐射强度，r 为地表反射率，t_1 为入射路径大气透过率，t_2 为出射路径大气透过率。工作中常使用大气光学厚度，大气光学厚度 τ 和大气透过率 t 的关系为：

$$t = \exp(-\tau)$$

为了简化，只考虑大气吸收的影响，

$$\tau = \int_{z}^{z_\infty} k_v(z')\rho_a(z')\mathrm{d}z'$$

其中，ρ_a 是吸收气体的密度，k_v 是吸收系数，z 是高度。在上述算式中，变量都是指某一通道所在的波数 v，太阳辐射的入射路径要考虑太阳高度角，出射路径要考虑卫星高度角。

在利用地气热红外辐射遥感中，一方面，辐射强度受介质的吸收而减弱，另一方面，也因介质自身的发射而增强，因此，在不同波长，不同高度大气层的辐射贡献不同，即权重函数不同，这一过程可用辐射传输方程描述。图 4.8 为红外分光计各个通道的权重函数分布图，通过选择权重函数分布在不同高度的光谱通道组合，即可推导出不同高度上的水汽含量和温度垂直分布。

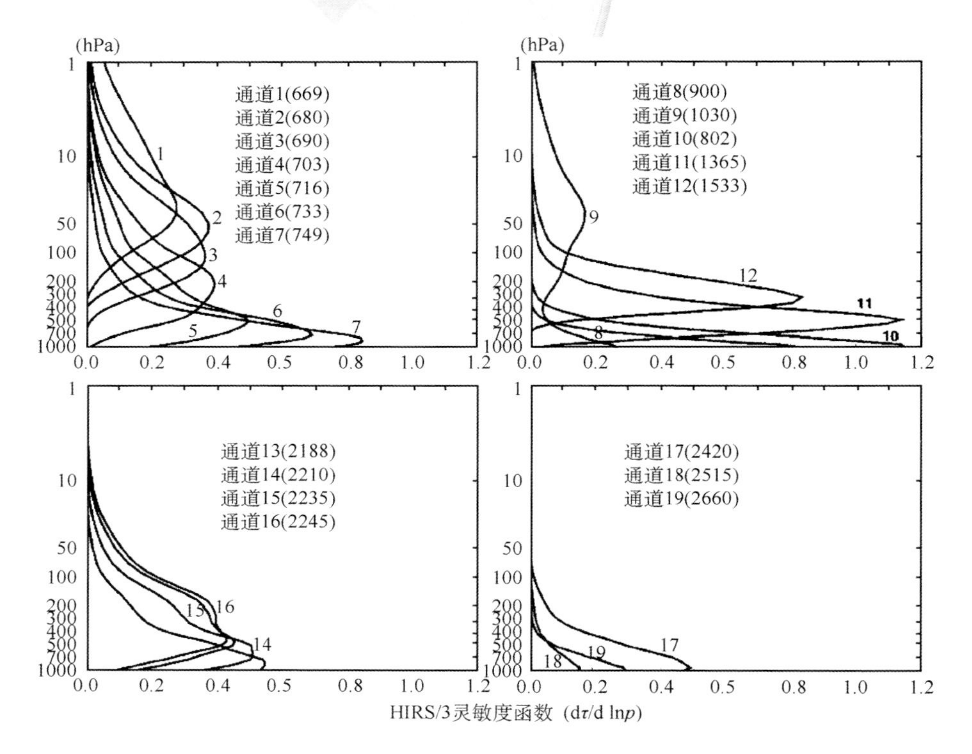

图 4.8　红外分光计各个通道的权重函数分布图

在热红外波段的大气遥感中，可以不考虑大气散射的影响。高度 z 和气压 p 通过流体静力方程相联系，

$$\mathrm{d}p = -\rho g \mathrm{d}z$$

其中，ρ 是空气密度，g 是重力加速度。在气压坐标系中，卫星上遥感器某通道所测的辐射强度 $I_v(0)$ 可表示为：

$$I_v(0) = B_v(T_s)t_v(p_s) + \int_{p_s}^{0} B_v[T(p)] \frac{\partial t_v(p)}{\partial p} \mathrm{d}p$$

式中，B_v 是普朗克函数，T 是温度，t_v 是大气透过率，下标 v 表示通道所在的波数，s 表示地表，0 表示大气顶。t_v 可以通过吸收气体的垂直分布和吸收系数算出。

上式即是著名的热红外波段的大气辐射传输方程。当我们知道地表温度、大气温度廓线、吸收气体的垂直分布，就可以算出卫星上遥感器某通道所测的辐射强度，其中吸收气体的吸收系数是通过实验室测量和理论计算得到的，这一过程称为正演。如果我们知道卫星所测的辐射强度 $I_v(0)$、吸收气体的垂直分布，就可以算出大气温度廓线；或者我们知道卫星所测的辐射强度 $I_v(0)$ 和大气温度廓线，就可以算出吸收气体的垂直分布廓线，这一过程称为反演。

正演比较容易，精度也比较高，反演就比较困难了。反演有统计方法和物理方法。物理方法就是求解辐射传输方程，这在数学上是一个所谓的“非适定”问题，即解可能不是唯一的或是不稳定的，因此，在求解时要加入约束条件，给反演结果带来一定的误差。

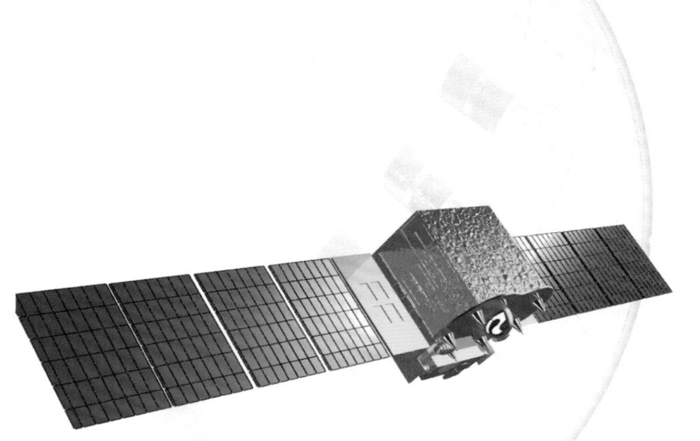

第 5 章　气象卫星遥感仪器

5.1 气象卫星的遥感器

5.1.1　卫星遥感器

遥感器有主动和被动两种类型。主动遥感的遥感器自身具有辐射源，把特定波长的辐射射向目标，其中一部分辐射被目标反射回来，被探测器测量，从而得到目标的特性。被动遥感以太阳和地-气系统的辐射为辐射源，用于测量目标的特性。遥感器按谱段常分为紫外遥感器、可见光和红外遥感器、微波遥感器等。以探测云和地表特性为主的遥感器，多选大气窗区通道，具有较高空间分辨率，扫描成像，一般称为扫描辐射计或成像仪；以探测大气特性为主的遥感器，通道要选在大气吸收带，配合适当的窗区通道，具有较高光谱分辨率，空间分辨率较低，一般称为探测器或探测仪。

业务气象卫星上的遥感器，要求技术上比较成熟，现多采用被动遥感。国外对地观测和科学实验卫星，进行着多种主动和新型遥感器的试验和应用。

光学成像仪是气象卫星首选的遥感器。使用最早、时间最长的可见光红外扫描辐射计是 NOAA 卫星上著名的先进的甚高分辨率辐射计（AVHRR），它采用的是单元探测器。随着线阵探测器的发展，出现了当今国际上享有盛名的中分辨率成像光谱仪（MODIS），此类仪器今后将成为业务气象卫星主要的遥感器。使用面阵探测器的闪电成像仪将载于静止气象卫星上。

业务气象卫星上的光学大气探测器，主要是为了探测大气温度、湿度等的三维分布，红外分光是关键技术，长期采用的滤光片分光技术将逐渐被高光谱分辨率的光栅或干涉技术所取代。气象卫星上大都装有紫外臭氧遥感器。探测大气温室气体的高光谱分辨率遥感器的发展已成为当前热点，大气中微量气体的含量很少，将对光谱分辨率要求极高。

可见光和红外辐射都不能穿透云层，而微波可以，所以在气象卫星中，微波遥感所占的分量日益增大。被动微波遥感器也分为微波成像仪和大气微波探测器，频点设计从 1 GHz 左右到 200 GHz 左右。微波成像仪多选窗区通道，扫描方式多为圆锥扫描。大气微波探测仪器主要通过 50～60 GHz 和 118 GHz 氧气吸收带来进行大气垂直温度探测，通过 183.31 GHz 水汽吸收带进行大气的湿度廓线探测。

近年来，国际上开始重视亚毫米波辐射计，通过临边探测方式能够得到水汽、臭氧和其他多达十几种大气痕量气体（OH、HCl、ClO、HOCl、BrO、HNO_3、N_2O、CO、HCN、CH_3CN、SO_2）的含量以及大气温度的垂直分布。

在主动遥感中，微波散射计和降水雷达已成功应用，云雷达能探测到云的内部结构，由于云粒子比降水粒子小，使用的频率高，技术正在发展中。多普勒激光雷达对三维风场的测量，可对全球气象观测做出极有意义的贡献。激光雷达同时可测量云和气溶胶的特性，性能进一步提高后可测量大气痕量气体的垂直分布。

美国 GPS 全球定位系统包含 24 颗卫星，卫星高度 20 200 km。低轨卫星可携带 GPS 接收机，利用掩星时接收到的信号，获取大气温度、湿度廓线等参数。所谓掩星，是指 GPS 卫星发射的信号被地球大气所遮掩，经过地球大气折射后到达低轨卫星接收机，如图 5.1 所示。与其他大气探测仪相比，此仪器体积、重量不大，却具有全天候、全球覆盖、高垂直分辨率、高精度、长期稳定

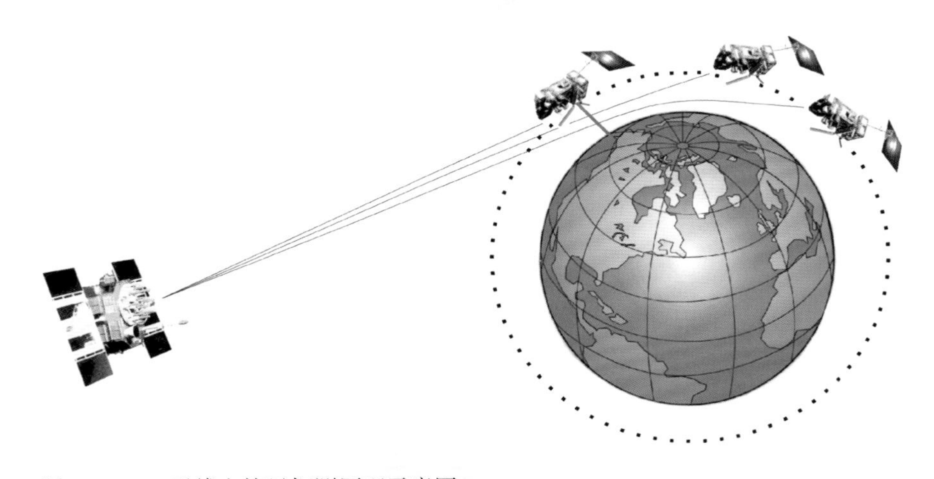

图 5.1　GPS 无线电掩星探测原理示意图

性等诸多优点，缺点是一颗卫星一天获取的大气廓线数较少，现在越来越多的卫星上正装配此仪器。

在后面遥感器的分类介绍中，列出了我国气象卫星一些遥感器的性能指标，基本上属于设计指标，实际性能常优于这些指标。

5.1.2 遥感数据的特性

（1）空间特性

空间分辨率是指卫星遥感器在某一瞬时观测到地球的最小面积，称为像素，也可指从卫星到这一最小面积间构成的空间立体角，称为瞬时视场。空间分辨率可用像素的尺度，例如用米、千米表示，也可用瞬时视场角表示。

一个光学成像系统，点光源的像在空间有强度分布，强度分布的图样可构成点扩展函数，由它可以确定光学系统的成像品质。例如对于两个点源，在像平面上的强度分布是相应的两点源扩展函数的叠加，当两点源距离小于点扩展函数的半宽度时，两点源在像平面上即不能分辨。点扩展函数的傅里叶变换为光学调制传递函数（MTF），现在人们广泛用传递函数作为遥感图像的像质评价判据。

对于多通道遥感器，必须考虑各通道像素之间的配准，配准精度常用一定比例的像素尺度表示，例如 1/3、1/5 或 1/10 像素等。

（2）辐射强度特性

遥感数据的辐射强度特性主要包括探测灵敏度、动态范围和辐射定标精度三个指标。遥感仪器的灵敏度即噪声等效辐射率差，是遥感仪器的辐射分辨率，一般在可见光至短波红外波段，常用信噪比或噪声等效反射率差表示，在热红外和微波波段用噪声等效温差表示。遥感传感器的动态范围表示可测量的最大信号值与最小信号值，即量程范围。遥感仪器定标是指建立遥感原始输出信号值与对应的地球目标辐射值之间的关系。

（3）辐射光谱特性

辐射光谱特性包括遥感通道数、通道中心波长和带宽三个要素。光谱分辨率是指可分辨的光谱带宽。成像光谱或光谱成像是使遥感在光谱维和空间维同时展开，产生光谱和图像结合为一体的技术。

（4）时间特性

时间分辨率是指对同一区域进行的相邻两次观测的最小时间间隔，亦称覆盖周期或重访周期。依据地气系统中被观测对象生命周期的差异，应选择不同的时间分辨率。

5.2 光学成像类遥感仪器

5.2.1 扫描辐射计

扫描辐射计在国内外各种型号的极轨和静止气象卫星上普遍采用。FY-1、FY-3 和 NOAA 卫星上的扫描辐射计，性能和结构都很相近，我们选 FY-3 扫描辐射计做介绍。

FY-3 可见光红外扫描辐射计外形如图 5.2 所示，技术指标见表 5.1。其光学系统由旋转扫描镜、主光学系统、后光学系统组成（图 5.3）。旋转扫描镜的镜面与主光学系统光轴夹角为 45°，扫描方向与卫星轨道垂直，地球目标的辐射经扫描镜进入主光学系统，再进入后光学系统。后光学系统由分色片、滤光片以及会聚透镜组成，其作用是将滤光后的各通道辐射分别送达各个探测器。10 个通道的探测器皆用单元探测器，热红外通道的探测器用辐射致冷器致冷，致冷温度约为 105 K。

图 5.2 FY-3 可见光红外扫描辐射计

其他卫星的扫描辐射计原理与上述相同，性能和结构大同小异。FY-2 的可见光红外扫描辐射计技术指标见表 5.2。

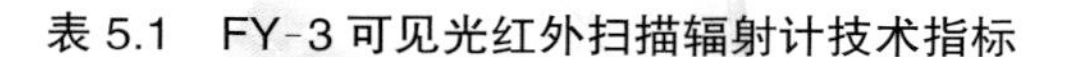
表 5.1　FY-3 可见光红外扫描辐射计技术指标

参 数	指 标
波长范围（μm）	0.58～0.68、0.84～0.89、3.55～3.93、10.3～11.3、11.5～12.5、1.55～1.64、0.43～0.48、0.48～0.53、0.53～0.58、1.325～1.395，10 个通道中，通道 1～6 的波长范围与 AVHRR 大体一致
灵敏度	可见光至短波红外通道：～0.1%（反射率） 热红外通道：～0.2 K（300 K）
空间分辨率	星下点分辨率 1.1 km
扫描范围（°）	± 55.4
扫描器转速（r/s）	6
每条扫描线采样点数	2 048
MTF	⩾0.3
通道配准	星下点配准精度＜0.3 个像素
量化等级（bit）	10
定标精度	可见光和近红外通道：5%（反射率），红外通道：1 K（270 K）

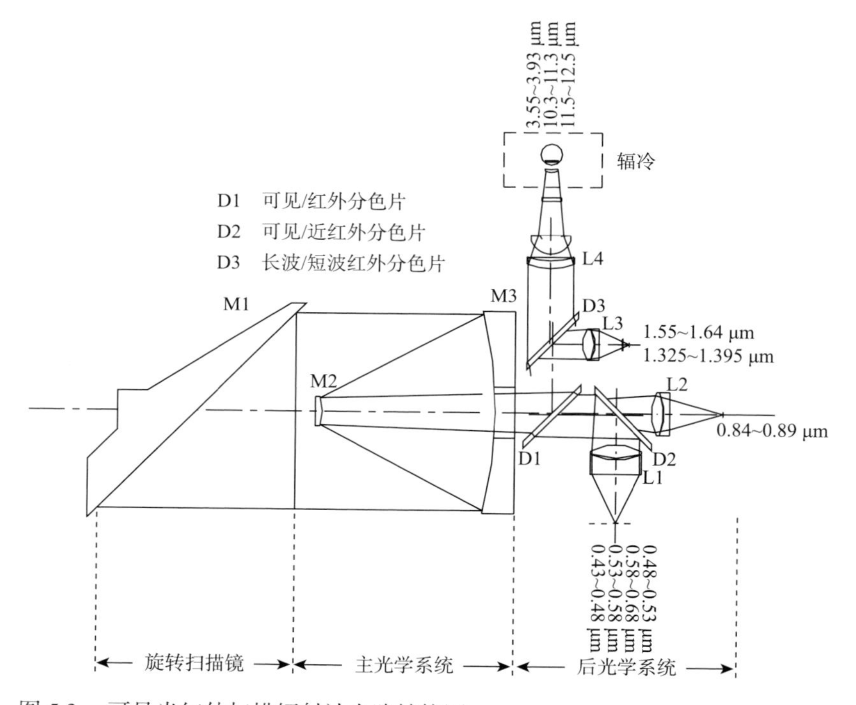

图 5.3　可见光红外扫描辐射计光路结构图

表 5.2　FY-2 可见光红外扫描辐射计技术指标

波段（μm）	0.55～0.90	3.5～4.0	6.3～7.6	10.3～11.3	11.5～12.5
探测器个数	4＋4	1＋1	1＋1	1＋1	1＋1
分辨率（km）	1.25	5	5	5	5
扫描线数	2 500×4	2 500	2 500	2 500	2 500
信噪比 / 噪声等效温差	≥1.5（反射率=0.5%）	0.3 K	0.5 K	0.2 K	0.2 K

5.2.2　光谱成像仪

美国 EOS-Terra/Aqua 卫星上著名的中分辨率成像光谱仪（MODIS），共 36 个通道，地面分辨率分为 250 m、500 m 和 1 000 m。MODIS 星上定标设备最为完备，定标精度堪称世界第一。我国 FY-3 卫星装载了中分辨率光谱成像仪（MERSI），其Ⅱ型设置了 25 个探测通道，其中 6 个通道的地面分辨率为 250 m，其余为 1 000 m。MERSI 在工作原理、性能指标上与 MODIS 比较类似，主要是缺少探测大气温度、湿度廓线的热红外通道，我们重点介绍 FY-3 的中分辨率光谱成像仪。

MERSI 采用多元线性阵列探测器并扫技术，10 探元和 40 探元对应地面分辨率为 1 000 m 和 250 m 的通道。地球目标信号经 45° 旋转扫描镜，进入主光学系统，经消旋系统消除像旋转，分色片分光，后光学系统成像于可见光、近红外、短波红外和热红外四个焦平面上。由线阵探测器镶嵌微型窄带滤光片形成焦平面组件，大制冷量辐射制冷器冷却红外探测器。星上可见光定标系统采用积分球作为光源载体，同时采用灯和太阳作为光源。

图 5.4 表示中分辨率光谱成像仪成像原理，垂直卫星飞行方向，MERSI 同时扫过 10 条、40 条扫描线，再借助卫星运行，获取地球的二维景象。扫描镜每旋转一周可依次扫描冷空间、地球景象、可见光 / 近红外波段和长波红外波段的星上定标器。表 5.3 为 FY-3 中分辨率光谱成像仪Ⅱ型的仪器参数，在 1 000 m 通道中，前 8 个为水色探测通道，其后 5 个为近红外、短波红外水汽探测通道。

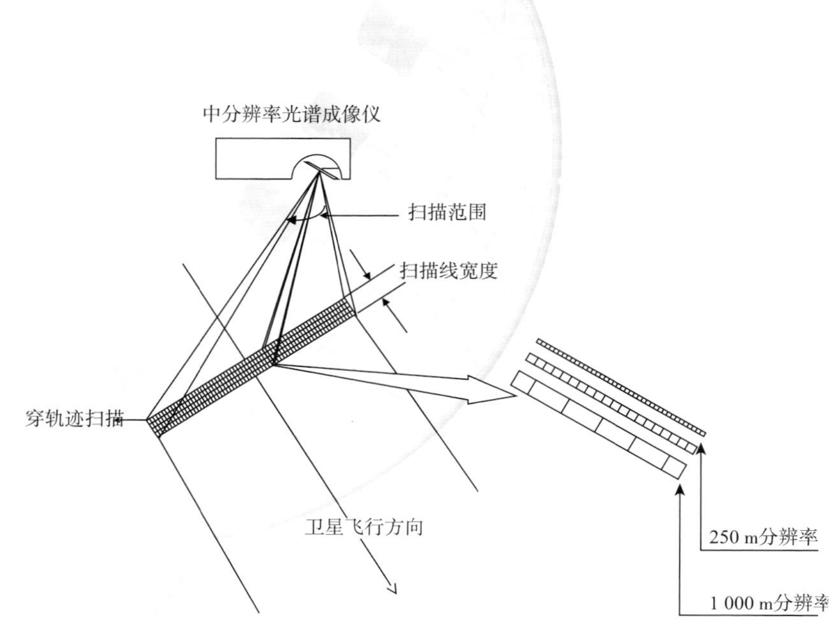

图 5.4　中分辨率光谱成像仪观测地球景象原理图

表 5.3　FY-3 中分辨率光谱成像仪仪器参数

参　数		指　标
中心波长（括号内标注的是通道的带宽）（nm）	250 m	470、550、650、865（50），11 000、12 000（1 000）
	1 000 m	412、443、490、555、670、709、746、865（20），905、940、1 240、1 380（20）、940（50），1 640、2 130（50），3 800（180）、4 050（155）、7 200（500）、8 550（300）
灵敏度		可见光至短波红外通道：500（信噪比） 热红外通道：0.2 K（300 K）
扫描范围（°）		± 55.1
扫描器转速（r/min）		40
每条扫描线采样点数		2 048（～1 000 m），8 192（～250 m）
通道间像素配准		＜0.3 个像素
MTF		≥0.3（1 000 m），≥0.27（250 m）
均一性		同一通道不同探元响应的不均匀性≤5%
量化等级（bit）		12
定标精度		可见光和近红外通道：5%（反射率）；红外通道（星上黑体）：0.5 K（270 K）

5.2.3 闪电成像仪

目前全球仅有的两台闪电成像仪上星工作。光学瞬闪探测仪（OTD）于1995年由MicroLab-1卫星携带升空，在轨工作5年。闪电成像仪器（LIS）于1997年搭载在TRMM卫星上，至今仍正常工作。美国计划在GOES-R卫星上搭载LIS，欧洲提出2020年前后在其第三代静止卫星MTG上携带闪电成像仪LI。我国的FY-4卫星将搭载闪电成像仪，计划在2015年前后发射。

星载闪电成像仪利用闪电信号在777.4 nm附近的特征谱线（图5.5），采用1 nm带宽的窄带滤光片和凝视型CCD面阵，捕捉背景辐射中的闪电信号，实现对闪电的成像，星下点空间分辨率取8～10 km。闪电探测的最大困难是白天闪电信号提取，采用1 nm带宽的窄带滤光片，就是为了阻挡其他波长辐射，从而提高闪电的信噪比。

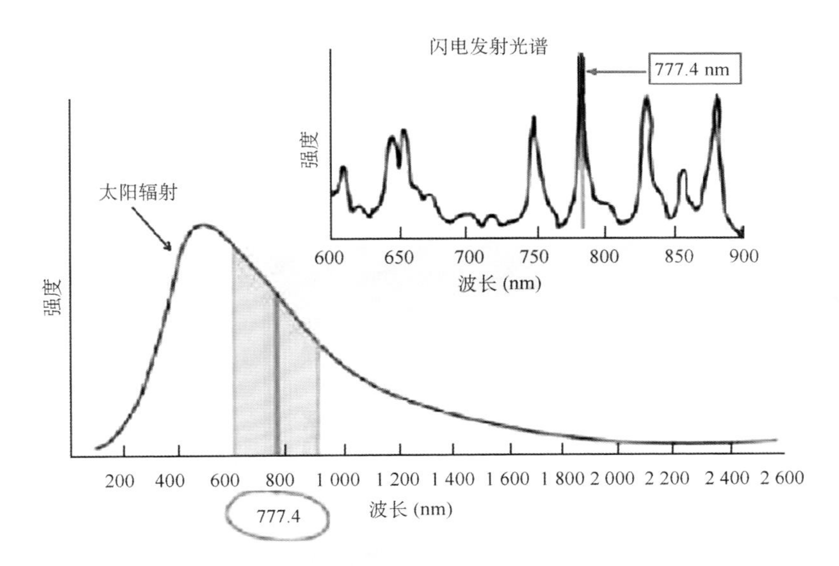

图5.5 闪电发射光谱和太阳光谱

5.3 光学大气探测仪器

5.3.1 滤光片式红外辐射探测器

NOAA卫星上的高分辨率红外探测器（HIRS）由20个通道组成。FY-3红外分光计在技术、性能上都与HIRS类似，设置了26个通道，采用滤光片分光、碲镉汞探测器、辐射制冷，仪器性能指标见表5.4。位于15 μm的7个通道和位于4.3 μm的5个通道，处于CO_2吸收带，主要用于探测大气温度的垂直分布；位于6.3 μm的3个通道和位于0.94、1.24 μm的3个通道，处于H_2O吸收带，主要用于探测水汽的垂直分布和总量；位于9.6 μm的O_3吸收带通道，主要用于探测大气中臭氧总含量；位于11～12 μm、3.7～4.1 μm、0.69～1.64 μm的7个窗区通道，主要用于探测地表温度和云检测。

表5.4　FY-3红外分光计仪器性能指标

中心波数（cm^{-1}）	669、680、690、703、716、733、749、802、900、1 030、1 345、1 365、1 533、2 188、2 210、2 235、2 245、2 388、2 515、2 660、14 500、11 299、10 638（2个通道，带宽不同）、8 065、6 098
对地扫描张角（°）	±49.5
每条扫描线采样点数	56
地面视场（km）	17（836 km高度，星下点）
步进和测量时间（ms）	100
行扫描时间和回扫时间（s）	6.4
灵敏度	各通道差别很大，大多数通道<0.15 K
定标精度	可见光通道：5%反射率；红外通道：1 K（270 K）
通道间配准精度	5%像素
量化等级（bit）	13

5.3.2　高光谱红外大气探测仪

目前在轨的高光谱红外大气探测仪有美国EOS的AIRS和欧洲MetOp的IASI，美国新一代气象卫星JPSS将携带CrIS。我国FY-3（02批）和FY-4卫星上也将携带高光谱红外大气探测仪。

AIRS采用光栅分光技术，在650～2 700 cm^{-1}光谱区域有2 378个通道，光谱分辨率（$\upsilon/\Delta\upsilon$）高于1 200，扫描宽度约1 650 km，星下点分辨率为13 km，主要用于探测大气温度、湿度廓线，臭氧总量等。

IASI和CrIS都采用麦克尔逊干涉技术。IASI在3.62～15.50 μm光谱范围内共有8 460个通道，光谱分辨率0.25～0.5 cm^{-1}，随波长而变化，扫描宽度

2 052 km，每一扫描线有 120 个像素，星下点分辨率为 12 km, 主要探测大气温度、湿度廓线，臭氧总量，表面和云特性，大气成分 N_2O、CH_4、SO_2、CO 等。CrIS 的功能和 IASI 类似。

FY-3 和 FY-4 红外高光谱大气垂直探测仪都采用干涉分光技术。FY-3 探测器的扫描周期为 8 s，视场角为 1.1°，像素 / 扫描线为 58，最大扫描角度为 ± 50.4°，光谱特征指标见表 5.5。FY-4 探测仪的技术指标见表 5.6。

表 5.5　FY-3 高光谱红外大气探测仪光谱特征参数

波段	光谱范围（cm^{-1}）	光谱分辨率（cm^{-1}）	灵敏度［NEΔT（250 K）］	通道数目
长波红外	667～1 136（15～8.8 μm）	0.625	0.15 K	751
中波红外	1 210～1 750（8.26～5.71 μm）	1.25	0.2 K	433
短波红外	2 155～2 550（4.64～3.92 μm）	2.5	0.3 K	159

表 5.6　FY-4 干涉分光红外探测仪基本技术指标

光谱范围（cm^{-1}）	长波：700～1 130；短 / 中波：1 650～2 250
光谱分辨率（cm^{-1}）	长波：0.625；短 / 中波：1.2
灵敏度［mW/（m^2 · sr · cm^{-1}）］	长波谱区：0.3；短 / 中波谱区：0.06
探测区域（km×km）	中小尺度：1 000×1 000；区域：5 000×5 000
时间分辨率（min）	中小尺度：35；区域：67
空间分辨率（km）	星下点：8
辐射定标精度（K）	1
量化等级（bit）	13

5.3.3　紫外臭氧探测器

从 1970 年发射的 Nimbus-4 卫星上携带的后向散射紫外光谱仪（BUV）开始，至今世界上已有十几台星载紫外、可见光探测器成功发射，其中有代表性的仪器包括 Nimbus-7/TOMS 和 SBUV、NOAA/SBUV-2、Meteor-3/TOMS、

ERS-2/GOME、EP/TOMS、AURA/OMI、MetOp/GOME-2 等。

我国于 2008 年发射的 FY-3A 卫星搭载了紫外臭氧总量探测仪（TOU）和紫外臭氧垂直探测仪（SBUS），成功探测了全球臭氧总量和臭氧垂直廓线。TOU 在 308～360 nm 光谱范围中有 6 个通道，带宽 1 nm，扫描范围 ±55.8°，星下点分辨率优于 55 km，行扫描时间 8.16 s，扫描点数 31 点。SBUS 在 252～379 nm 光谱范围中有 13 个通道，带宽 1 nm，向下垂直观测，星下点分辨率 200 km。

随着仪器性能的提高，臭氧探测仪已经从紫外波段扩展到可见光波段。光谱分辨率从离散通道发展到高分辨率连续光谱，使用了临边和掩星探测方式，以获取更高垂直分辨率的臭氧廓线。除了探测臭氧外，其还可以探测多种大气成分以及云和气溶胶。

美国新一代极轨气象卫星 NPP/JPSS 的臭氧成图和廓线仪（OMPS）以及我国 FY-3（02 批）的紫外 / 可见臭氧探测仪，均为高光谱分辨率探测仪，具有星下点和临边两种观测方式。

5.3.4　大气温室气体探测器

美国的轨道碳观测器（OCO）、欧洲空间局的环境监测卫星（ENVISAT）搭载的成像光谱仪（SCIAMACHY）、日本温室气体观测卫星（GOSAT）搭载的傅里叶变换光谱仪（FTS），都是专门用来观测温室气体的高光谱分辨率大气探测器，可获得大气中 CO_2、CH_4、水汽的含量。

FY-3 的近红外和短波红外高光谱仪主要就是观测全球 CO_2 和 CH_4 的分布，监测精度 1～4 ppm*，主要技术指标如表 5.7 所示。

表 5.7　FY-3 近红外和短波红外高光谱仪主要技术指标

技术参数	指标			
波长范围（μm）	0.75～0.77	1.56～1.72	1.92～2.08	2.20～2.38
带宽（cm^{-1}）	0.6	0.27	0.27	0.27
探测目标	O_2	CO_2、CH_4	CO_2	CO、CH_4
幅宽（km）	790（±350）			
瞬时视场（km）	10.5			
信噪比	＞300			

* 1 ppm=10^{-6}，下同。

5.4 辐射收支探测器

1975、1978 年，美国在 NIMBUS-6/7 卫星上分别搭载了地球辐射平衡探测仪（ERB）。1984 年又专门发射了地球辐射收支卫星，搭载了地球辐射观测仪器（ERBE）。ERBE 又搭载在 NOAA-9/10 卫星上。1997 年 TRMM 卫星发射，搭载了云和地球辐射能量系统（CERES），CERES 又分别搭载在 1999、2001 年发射的 EOS-Terra/Aqua 卫星上。

我国在 FY-3A/B/C 卫星上搭载了地球辐射收支探测仪，它由太阳辐射监测仪（SIM）和对地辐射监测仪（ERM）组成。SIM 观测 0.2～50 μm 的太阳辐射通量，定标精度为 0.5%。ERM 包括宽视场非扫描辐射计和窄视场扫描辐射计，各有短波 0.2～3.8 μm 和全波 0.2～50 μm 两个通道，非扫描视场宽度为 120°，扫描视场宽度为 2×2°，定标精度在短波为 1%，长波辐射为 0.5%。从仪器的性能看，ERM 的性能介于 ERBE 和目前在轨运行的 CERES 之间。

对于辐射收支探测器未来的发展，除进一步提高精度和稳定性外，将进行太阳光谱辐照度测量。

5.5 被动微波遥感仪器

5.5.1 微波成像遥感器

1987 年，美国国防气象卫星（DMSP）搭载微波成像仪器 SSM/I；2003 年，新型微波成像仪 SSMIS 搭载在 DMSP/F16 卫星上。2002 年，美国的 EOS/Aqua 卫星装载了微波成像仪 AMSR-E。目前计划要发射的微波成像仪器包括微波成像仪（GMI）、土壤湿度主 / 被动探测仪（SMAP）、先进的微波扫描辐射仪（AMSR-2）等，上述仪器代表了国际先进的微波成像仪发展特点：更宽的频率覆盖范围和更低的频率。微波成像仪一般采用圆锥扫描，天线直径越大，分辨率等指标越高，但同时增加了技术难度。

我国 FY-3 卫星装载的微波成像仪（MWRI）为多频率、双极化、全功率、圆锥扫描微波成像仪，采用机械扫描的大孔径偏置抛物面天线，天线口径 1 m，仪器技术指标见表 5.8。

表 5.8　FY-3 微波成像仪技术指标

参数	指标
中心频率（GHz）	10.65（V、H）、18.7（V、H）、23.8（V、H）、36.5（V、H）、89（V、H）
灵敏度（K）	0.6（10.65）、1.0（18.7）、1.0（23.8）、1.0（36.5）、2.0（89）
地面分辨率（km×km）	51×85（10.65）、30×50（18.7）、27×45（23.8）、18×30（36.5）、9×15（89）
主波数效率	⩾90%
天线视角（°）	45±0.1
幅宽（km）	1 400
扫描周期（s）	1.7±0.1
通道间配准	波束指向误差<0.1°
扫描周期误差（ms）	0.34（相邻扫描线）；1（连续 30 分钟内）
量化等级（bit）	12

5.5.2　微波大气探测遥感器

气象卫星上装载的微波大气探测遥感器主要用于大气温度和水汽的探测。这类微波辐射计包括美国 NOAA 卫星上装载的 MSU、AMSU 和 MHS；美国 DMSP 卫星上装载的 SSM/T、SSM/T2、SSMIS；欧洲 MetOp 卫星上装载的 AMSU-A 和 MHS；以及中国 FY-3 卫星上装载的 MWTS、MWHS。

国际上发展的星载亚毫米波辐射计包括 NASA 于 1991 年在高层大气探测卫星 UARS 上装载的亚毫米波辐射计 MLS 以及 1998 年在 SWAS 卫星上的亚毫米波辐射计，瑞典于 2001 年发射的 ODIN 小卫星上装载的 SMR。目前，美国 EOS-Aura 卫星上装载的亚毫米波临边探测器 MLS 正在轨运行，最高频点达 2.5 THz，垂直分辨率 1.5～6.5 km，水平分辨率 2.5～13 km。

FY-3 微波温度计仪器Ⅱ型主要技术指标见表 5.9，微波湿度计仪器Ⅱ型主要技术指标见表 5.10。

表 5.9 FY-3 微波温度计仪器技术指标

参数	指标
中心频率（GHz）	50.30、51.76、52.80、53.596、54.40、54.94、55.50、57.290344（f_0）、$f_0 \pm 0.217$、$f_0 \pm 0.3222 \pm 0.048$、$f_0 \pm 0.3222 \pm 0.022$、$f_0 \pm 0.3222 \pm 0.010$、$f_0 \pm 0.3222 \pm 0.0045$
噪声等效温差（K）	0.4
对地扫描张角（°）	±49.5
每条扫描线采样点数	15
水平分辨率（km）	50～75（836 km 高度，星下点）
星上校正黑体	2 个（暖黑体、外层冷空间）
主波束效率	＞90%
每条扫描线扫描时间（s）	8/3
频率稳定度	优于 10^{-5}
定标精度（K）	1.2
量化等级（bit）	13

表 5.10 FY-3 微波湿度计仪器技术指标

参数	指标
中心频率（GHz）	150、183.31 ± 1、183.31 ± 1.8、183.31 ± 3、183.31 ± 4.5、183.31 ± 7、89.0、118.75 ± 0.08、118.75 ± 0.3、118.75 ± 0.8、118.75 ± 1.1、118.75 ± 2.5、118.75 ± 3.0、118.75 ± 3.5、118.75 ± 5.0
噪声等效温差（K）	0.5
对地扫描张角（°）	±53.3
扫描带宽度（km）	约 2 700
每条扫描线采样点数	98
水平分辨率（km）	约 15（836 km 高度，星下点）
星上校正黑体	2 个（暖黑体、外层冷空间）
主波束效率	＞90%
扫描周期（s）	8/3
频率稳定度（MHz）	50（窗区），30（H_2O）
仪器定标精度（K）	1.3
量化等级（bit）	14

5.6 主动微波探测器

5.6.1 降水雷达

第一台星载降水雷达是 1997 年 TRMM 卫星上搭载的降水雷达（PR）。全球降水测量（GPM）是美国和日本联合提出的 TRMM 的后继任务，降水的精确测量将由双频降水雷达（DPR）实现。DPR 由两台雷达组成，分别为 Ku 波段（13.6 GHz）和 Ka 波段（35.5 GHz）。NASA 还研究了第二代星载降水雷达（PR-2）概念，包括多普勒和双极化能力的 13.6/35 GHz 双频雷达，相比 PR 和 DPR，PR-2 将能够测量更多类型的降水，更大的降水强度范围，更加准确的降水信息。

我国将在 FY-3 后续计划中，发展双频降水雷达，与多频段微波辐射计结合，实现全球降水和云雨大气参数的主 / 被动遥感探测。星载降水雷达的主要参数见表 5.11。

表 5.11 星载降水雷达的主要参数

参数	PR	DPR	PR-2
轨道高度（km）	350	407	400/750
波段	Ku	Ku、Ka	Ku、Ka
极化	HH	HH	HH、HV
半功率波束宽度（°）	0.71	0.71	0.28/0.20
天线旁瓣（dB）	<−25	<−25	<−30
峰值功率（W）	616	1 013.5、46.5	200、50
垂直分辨率（m）	250	250、250/500	250
地面扫描幅宽（km）	215	245、115	600/800
独立样本数	64	96	64
最小可检测等效反射率因子（dBZ）	18	18、12	14.0/15.7 13.8/14.6
动态范围（dB）	79	≥70	≥70
测速精度（m/s）	无	无	1.0

5.6.2 微波散射计

最早的星载微波散射计装载于美国 1973 年发射的天空实验室上。以后有 1978 年美国 Seasat-A 卫星上搭载的 SASS，1995 年日本 ADEOS-I 卫星上搭载的 NSCAT。NASA 1999 年发射的 QuickSCAT 和 2002 年发射的 ADEOS-II 都搭载了 SeaWinds 散射计。欧洲空间局研制的 C 波段微波散射计 ESCAT，分别装载于 1991 年和 1995 年发射的 ERS-1/2 卫星上，2006 年发射的 MetOp 卫星搭载了 ASCAT 散射计。ASCAT 是对 ESCAT 的改进，工作频率为 5.2 GHz，幅宽为 2× 550 km。我国在 FY-3（02 批）卫星上也计划搭载微波散射计来测量海面风场，表 5.12 列出了国内外散射计的主要技术指标。

表 5.12 国内外星载微波散射计的性能

	SASS	NSCAT	ESCAT	SeaWinds	FY-3
频率（GHz）	14.6	14.6	5.3	13.4	C、Ku 波段
天线	4 根杆状	6 根杆状	3 根杆状	抛物面（1 m）	
极化方式	VV，HH	VV，HH	VV	VV，HH	
空间分辨率（km）	50/100	25/50	25/50	25×6	≤25、≤10
风速测量范围（m/s）	4～26	3～30	4～24	3～30	3～50
风速测量精度（m/s）	2	2	2	2	1.5（风速≤20），10%（其他）
风向测量精度（°）	20	20	20	20	优于 20
全球日覆盖	不定	78%	＜41%	92%	观测幅宽＞1 200 km

5.6.3 微波云雷达

云雷达与降水雷达工作原理相同。相对于降水粒子，云粒子的直径更小，它的散射能力也相对更弱，因此，云雷达的工作频率要比降水雷达高。2006 年美国发射的 CloudSat 卫星搭载了世界上第一部星载云雷达（CPR），主要参数见表 5.13。

表 5.13　CloudSat CPR 的主要参数

参数	指标
工作频率	94.05 GHz
观测高度范围	0～25 km
脉冲宽度	3.33 μs
脉冲重复频率	4 300 Hz
峰值功率	1.7 kW
天线尺寸	1.85 m
波束宽度	0.16°
天线副瓣	−50 dB（θ>7°）
交轨方向分辨率	1.4 km
顺轨方向分辨率	1.7 km
距离分辨率	500 m
最小可检测反射率	−29 Dbz

5.7 激光雷达

欧洲空间局多普勒激光雷达 ALADIN 将搭载在 ADM-Aeolus 卫星上，从太空直接测量全球三维风场。ALADIN 采用 Nd:YAG 激光器，望远镜的接收口径 1.5 m，天顶角为 35°，仪器质量 450 kg, 平均功耗 800 W。ALADIN 性能参数见表 5.14。日本宇宙航空研究开发机构（JAXA）正研究放在国际空间站上的星载测风激光雷达系统 JEM/CDL， JEM 用 Tm, Ho:YLF 激光器，接收系统采用两个 40 cm 口径的望远镜，分别接收空间站轨迹方向的前面与后面返回光，有效载荷的质量 470 kg，功耗 1 489 kW。

表 5.14　ALADIN 性能参数

参数	地球边界层	对流层	平流层
垂直空间覆盖（km）	0～2	2～16	16～20
垂直分辨率（km）	0.5	1.0	2.0

续表

参数	地球边界层	对流层	平流层
风速测量精度（m/s）	<1	<2	<3
风速范围（m/s）	+/−150		
水平覆盖	全球覆盖		
风剖面图数（h^{-1}）	>100		
水平分辨率	轨道累加宽度 50 km，间隔 200 km		
系统偏移误差（m/s）	<0.4		
斜率误差	<0.7%		
粗差概率	5%		

5.8 掩星大气探测仪

2006 年发射的欧洲 MetOp 极轨气象卫星，携带了掩星探测仪器（GRAS），其他的掩星探测计划还有德国 CHAMP、美国和阿根廷合作的 SAC-C、欧洲 ACE+计划等。我国 FY-3（02 批）卫星将具有掩星探测仪器，不仅能接收 GPS 信号，也能接收我国北斗导航卫星信号，表 5.15 是该仪器的主要性能参数。探测仪包括前向、后向和天顶三副天线，前向天线用于接收上升的掩星，后向天线接收下降的掩星，天顶的半球形天线跟踪卫星的位置，即导航接收天线。

表 5.15　FY-3 掩星探测仪器的性能参数

参数	指标
工作频率	GPS: L1、L2，BD2: B1、B2
掩星采样率	~50 Hz
晶振稳定度	10^{-11}（100 s）
时间校准精度	<1 μs GPS 时
位置测量精度	<20 cm
速度测量精度	<0.2 mm/s
天线增益	>4 dBi（定位），>10 dBi（掩星）

第 6 章　气象卫星资料处理

气象卫星遥感资料处理需要解决的问题主要有五个：（1）地理定位：所遥感的目标在什么地方。（2）辐射定标：遥感原始数据（计数值）所对应的辐射量是多少。（3）辐射校正：遥感目标的辐射相对于卫星所测辐射，由于与大气介质的作用或背景干扰等影响，改变了多少，如何修正。（4）反演：如何从辐射数据中提取地表、云、大气等目标物的物理参数。（5）图像处理：如何将遥感数据形象地表现出来。一般将前两项工作作为遥感数据的预处理，将后三项工作作为遥感数据的处理。

6.1 气象卫星数据预处理

6.1.1　地理定位

遥感数据地理定位就是使用卫星位置、姿态、遥感仪器的扫描几何和时序等参数精确计算每个像素的地理经度和纬度、该像素所对应的太阳天顶角和方位角、卫星天顶角和方位角等数据的过程。

在极轨气象卫星传统的地理定位方法中，首先要获取卫星的轨道参数，通过轨道计算模型，计算给定时刻的卫星空间位置，再根据卫星姿态、传感器的观测矢量，通过地球空间球面三角几何关系，算出每个像素的地理经度和纬度。但是，这样推算的卫星位置以及卫星姿态数据都存在一定误差，造成定位精度较差。要想得到较好的定位精度，就必须将上述定位结果作为初值，通过地标匹配方法，统计出定位结果的偏差，进行修正。实际操作中，常用定位偏差值反过来修改卫星轨道参数，再次做定位计算，所以又称为地标导航。通过地标导航的定位精度，可优于一个像素。由于极轨气象卫星的轨道东西向漂移，同一地点的扫描图像形状常不一样，地标匹配通常需要通过人机对话进行，工作效率较低。

现在技术先进的低轨遥感卫星，例如我国的FY-3极轨气象卫星，都安装了GPS接收机，能够实时提供较高精度的卫星位置数据，卫星上还安装了星敏感器和陀螺等部件，能获取高精度的卫星姿态，可以自动进行地理定位工作，并得到高时效、高精度的地理定位数据。地形的高低起伏会影响地理定位精度，对于高分辨率遥感数据的地理定位，需要修正地形的影响。

静止气象卫星数据的地理定位是指展宽图像生成后，利用已知的卫星图像每行的观测时间、预报的瞬时卫星位置、瞬时卫星姿态以及β角等参数，建立展宽图像上的每个像素的行列号和地理经纬度之间的对应关系。

瞬时卫星位置通过卫星轨道计算得到。它利用三站同步测量的卫星至测站的距离数据，确定卫星精确轨道参数。再根据精确轨道参数，计算1～7天的卫星空间位置矢量、速度矢量、轨道面法向矢量以及星下点经度、纬度和高度。卫星姿态参数为卫星自旋轴的指向和观测仪器失配角的俯仰、偏航、侧滚三个分量。β角指从卫星看到太阳的中心到看到地球的中心之间的夹角在卫星自旋平面上的投影。卫星用太阳作为参照物来对准每一条扫描线，观测到太阳以后，再转过β角，就观测到地球。

静止气象卫星数据的地理定位也可做地标修正。由于卫星获取的圆盘图的地理位置基本不变，同一地点的图像形状也基本不变，因此，地标匹配不需用人机对话方法，可由计算机自动进行，从而快速得到高精度定位。

6.1.2 辐射定标

（1）辐射定标要做哪些工作

辐射定标是将遥感仪器原始观测计数值转换成辐射物理量的过程，包括发射前定标和在轨定标两个阶段。发射前定标是在实验室理想或可控条件下，以及在外场环境参数可知条件下，测量遥感器性能参数和通道光谱参数，并利用辐射参考标准确定辐射定标换算关系。在轨定标技术包括星上定标、交叉定标和辐射校正场定标。

不管遥感器有无星上定标功能，发射前的定标都是不可缺少并极为重要的。不仅在没有星上定标时，发射前的定标结果将是在轨定标的主要依据，而且一些重要的定标参数，例如通道的光谱响应函数、观测计数值与辐射值之间在量程中的非线性关系等，在卫星发射后就再难精确测量了。因此，发射前的定标数据必须完整、精确、可靠。

在太阳辐射波段，大体为紫外至短波红外波段，星上定标的最大难度是建立符合要求的辐射参考标准，通常使用标准灯和太阳作标准光源。但是标准灯的长期稳定性难于保证。太阳作为标准光源是稳定的，然而要将太阳光引入遥感器又常常要采用反射板、光纤、积分球等，这些介质的长期稳定性又是难于保证的。因此，星上定标精度一般都不高，现通常在5%以上。近年，有的卫星使用月光作标准光源，取得了较好的效果。使用星光作标准光源，也有可能获得较高的定标精度，正在研究试验中。MODIS定标精度较高，是因为精心设计了大型复杂的星上定标系统，这是一般遥感器难以做到的。

在热红外波段，星上定标通常使用黑体作热源。空间辐射极低，作为冷源。黑体辐射率的长期稳定性较好，温度可精确测量，所以星上定标精度可做到1 K以内。同时，由于星上仪器舱和遥感器的温度变化较快，热红外通道定标系数也要随之而变。因此，热红外波段的定标通常都采用星上定标。微波波段的定标与热红外波段比较相似。

辐射校正场定标和在轨交叉定标也是气象卫星仪器在轨定标的重要技术手段，特别对于太阳辐射波段，是不可缺少的。

辐射校正场定标是借助辐射特性稳定的特定场地作为辐射参考标准，在卫星过境时同步获取地表、大气特性参数，通过辐射传输模型，正演得到传感器入瞳处的辐射量，进而与相应的遥感器观测计数值之间建立对应关系，计算在轨定标系数。

在轨交叉定标以在轨已知定标精度较高、光谱相近的同类卫星遥感器的观测作为辐射参考标准，对二者观测结果，通过时、空和光谱匹配技术，建立匹配数据集，统计分析匹配数据，建立待定标通道观测计数值和参考通道辐射量之间的换算关系，实现在轨交叉定标。

目前，我国气象卫星上的遥感器，红外和微波通道一般都具有在轨星上定标功能，其以星上定标为主，辐射校正场定标和在轨交叉定标为辅。对于可见光、近红外和短波红外通道，我国现在的极轨气象卫星尚不具备在轨业务定标能力，是以发射前定标结果为主要依据，通过在轨交叉定标和辐射校正场定标进行必要的校正。由于 FY-2 卫星有时可观测到月亮，已用月光做星上定标。

气象卫星的在轨辐射定标还包括多元并扫像素的辐射均匀化处理，以及其他与仪器特性相关的辐射修正处理等。

（2）太阳辐射波段通道的辐射定标

太阳辐射波段定标公式大多为线性方程，表示为：

$$R = a_0 + a_1 N$$

其中 a_0、a_1 为定标系数，a_0 称为截距，a_1 称为斜率；N 为一个像素实测计数值；R 为定标得到的辐射值，单位可定为 $mW/(m^2 \cdot sr \cdot cm^{-1})$。$R$ 也可用反射率表示，若太阳光垂直照射于一个漫反射体表面上，漫反射体表面将太阳辐射各向同性全部反射，则反射率定为 1，或表示为 100%。在遇到太阳光有镜面反射的情况下，例如水面上的太阳耀斑，反射率会大于 100%，常造成信号超出量程而饱和。

在可见光、近红外和短波红外波段，对于没有星上定标设备的遥感器，或由于星上定标精度不高，通常用发射前测定的定标系数进行定标。但是在轨运行一段时间后，遥感器的性能，特别是探测器的灵敏度，常常会衰减。这样，就要采用辐射校正场定标和在轨交叉定标方法，对定标系数进行修正和更新。

中国遥感卫星辐射校正场主要包括敦煌和青海湖两个光学辐射校正场。敦煌试验场位于敦煌市西部的戈壁滩上，属于党河冲积扇，南北约 30 km，东西约 35 km。冲积扇地势平坦，表层为风成地貌，大部区域无植被，具有较高的稳定性和均匀性，主要用于可见光、近红外到短波红外波段的辐射校正。青海湖长 106 km，宽 63 km，平均水深 20 m，湖中心有海心山。辐射校正场试验区位于海心山东南水域，试验区内水表温度分布均匀，变化小于 1℃。青海湖试验场主要用于热红外辐射校正，也可进行可见光和近红外波段的低反射率辐射校正。

可见光、近红外波段的定标一般采用反射率基法。在卫星飞越辐射校正场上空的同时，进行场地地表反射比、大气消光测量，探空和地面常规气象参数观测。然后对观测数据做星-地光谱响应匹配、几何配准，经大气辐射传输计算得到卫星遥感器入瞳处各通道表观辐亮度或表观反射率。将这些数据与卫星观测区观测的平均计数值进行匹配计算，得到卫星各通道定标系数。

（3）红外通道辐射定标

红外通道的定标方程采用线性形式或非线性二次项形式，遥感器输出的计数值 N 与辐射值 R 之间的二次项表达式为

$$R = a_0 + a_1 N + a_2 N^2$$

式中，a_0、a_1、a_2 为定标系数，辐射值 R 的单位为 mW/（$m^2 \cdot sr \cdot cm^{-1}$）。二次项定标系数 a_2 由发射前实验室定标测定，入轨后保持不变。若采用线性形式，则 $a_2=0$。辐射值 R 是通道光谱响应的平均值，表示为

$$R = \int R(v)\Phi(v)\mathrm{d}v / \int \Phi(v)\mathrm{d}v$$

式中，Φ 为通道的光谱响应函数，v 为波数（cm^{-1}），由发射前实验室定标测定。

星上红外通道定标用星上黑体进行，若星上黑体是面源，充满遥感器入瞳，则黑体辐射可表示为

$$R_B = \varepsilon_B B(T_B)$$

式中，ε_B 为星上黑体的发射率，T_B 为黑体的温度，B（T_B）为在温度 T_B 时的绝对黑体辐射，由普朗克定律给出。T_B 通常由星上黑体内的精确、稳定的数个铂丝温度计加权平均给出，ε_B 则要由发射前实验室定标测定。

遥感器扫描星上黑体和冷空间，得到星上黑体和冷空间的计数值分别为 N_B 和 N_S，于是可有星上黑体和冷空间的定标公式：

$$R_B = a_0 + a_1 N_B + a_2 N_B^2$$
$$R_S = a_0 + a_1 N_S + a_2 N_S^2$$

式中，R_B 为星上黑体辐射值；R_S 为冷空间辐射值，一般视为 0。以上二式中，R_B、N_B、N_S 已得到，a_2 用发射前实验室定标时的测定值，这样就可算出 a_0 和 a_1。

在星上定标时，要用多个扫描周期的星上黑体和冷空间测值，通过剔除一些异常值，进行滑动平均等处理，以保证星上定标系数 a_0 和 a_1 的精度和稳定性。若星上黑体不能充满遥感器入瞳，则需考虑多种因素的修正，定标精度也会降低。

青海湖试验场可用于热红外波段的辐射校正。青海湖观测船上配有水表热红外辐射亮度测量、水表温度测量以及 GPS 等仪器，湖区大气光学特性和气象参数观测点设在青海湖码头，观测项目包括太阳光辐亮度测量、常规地面气压、温度、湿度、风速、风向、云状、云量和能见度以及探空观测。

当卫星飞越水面定标试验场（青海湖）的时候，各测量仪器同时观测。将

各测量仪器实测数据输入辐射传输模型，获得卫星入瞳光谱辐亮度，与卫星计数值对应，从而计算热红外通道定标系数。

（4）微波辐射定标

微波辐射定标与热红外波段辐射定标原理相似，主要采用星上定标。辐射计对地球视场采样，也对内部黑体和宇宙空间采样。根据内部黑体和冷空间观测数据可以计算定标系数。与热红外波段辐射星上定标不同的是，处理冷空间辐射值比较困难。等效冷空温度 T_c 表示为

$$T_c = 2.73 + \Delta T_c$$

式中，2.73 K 是宇宙背景亮度温度（简称亮温），ΔT_c 为冷空间温度订正值，订正外空观测时天线的旁瓣效应。微波辐射计在轨定标算法考虑了非线性贡献，定标方程可以写为

$$R = a_0 + a_1 N + a_2 N^2$$

式中，R 是地球目标辐射值，单位为 mW/（$m^2 \cdot sr \cdot cm^{-1}$）；$N$ 是地球目标辐射计数值；a_0、a_1、a_2 为定标系数。

为了正确评价星载微波载荷在轨辐射定标精度，及时校准定标偏差，现已选取云南普洱地区的热带雨林实施在轨辐射场地校正，场地测量和辐射校正方法与红外波段类似。

6.2 气象卫星数据处理

气象卫星数据处理就是利用经过地理定位和辐射定标处理后的辐射数据，基于大气、陆表和海表的物理特性及其光谱辐射特征，根据大气辐射传输理论，通过物理或统计方法，反演生成大气、陆表和海洋的地球物理参数，形成卫星遥感产品。

利用我国极轨气象卫星 FY-3 的观测数据，通过反演、空间投影，以及候、旬、月的时间合成处理等，可生成云检测、云参数（云量、云分类、光学厚度、云高及云顶温度）、大气气溶胶、大气可降水、云水及降水、大气温度廓线、大气湿度廓线、陆表反射比、陆表温度、植被指数、海面温度、海冰、积雪覆盖、大雾、火点、沙尘、臭氧总量及廓线、大气顶地球辐射收支等业务及试验产品。

同样，利用我国的静止气象卫星 FY-2 的观测资料，可生成云图、云和辐射、大气参数、地表参数、海洋参数 5 类产品。包括分区图、双星加密观测图像、射出长波辐射、亮度温度、总云量、云分类、大气运动矢量、降水估计、晴空大气可降水、对流层上部相对湿度、地面入射太阳辐射、积雪覆盖、海面温度等产品。

下面，概要介绍云、辐射、大气、地表和海洋参数的生成方法。

（1）云

对一个像素，首先要进行云检测，判识观测视场中是否被云覆盖，确定像素是“云”或“晴空”。一个观测区域中，天空被各类云覆盖面积的总和称为总云量，以区域内云覆盖面积与区域总面积的百分比表示。根据云的高度可将云分为高云、中云、低云，还可分为卷云、层云、积云等类别。根据云的形态可分为冰云、水云和混合相态。还可测出云顶温度、云的光学厚度等。

卫星光学遥感，通常只能测到云顶辐射。在太阳辐射波段的通道，云的反射率非常高，常常大于 70%，远大于陆表和海表的反射率。在热红外波段的通道，云的辐射亮温表示云顶温度，随高度大幅度降低，大约每千米降 6.5℃，远低于陆表和海表的温度。

云检测大都使用阈值法。阈值法就是分析像素的不同通道的特征，如亮温或反射率；或通道组合特征，如亮温差或反射率比值。通过与设定的阈值比较，来判识该像素是云或是晴空。阈值的确定是检测准确性的关键。

雪 / 冰在可见光和近红外波段，反射率和云一样，非常高；而在短波红外波段，如 1.64 μm 和 2.13 μm 通道，反射率明显低于云。这种特征可用于雪 / 冰上的云检测。此外，利用一个观测区域不同波段通道观测值的空间分布特征，如均一性、纹理结构，也可进行云检测。

上述方法不仅可用于云检测，也可用于云分类，当然处理方法要更细致。云的反射率主要依赖云的光学厚度。通过大气辐射传输模拟计算，建立卫星观测的辐射与云光学厚度查找表，可计算云的光学厚度。

（2）辐射

地球辐射收支参数主要包括大气顶向下太阳辐射通量、反射太阳辐射通量和射出长波辐射通量，单位均为 W/m^2。

用地球辐射收支监测仪，可以直接得到地球辐射收支参数。用可见红外扫描辐射计、红外分光计观测数据，也可推算射出长波辐射通量。推算射出长波辐射通量处理方法的关键是用有限的热红外通道观测值推算整个辐射波段的辐射通量。

（3）大气参数

大气温度、湿度廓线由综合红外分光计和微波温、湿度辐射计的探测数据生成。大气温度、湿度廓线分为数十个气压层，业务处理通常用统计反演方法。在建立回归反演的统计关系式时，回归系数一般通过数值模拟计算生成。现在，通常直接使用微波辐射计各通道的亮温，分析天气系统中大气温度、湿度三维结构，例如使用在台风云区中。图 6.1 为 FY-3B 反演大气温度与欧洲中心再分析资料（ERA）的偏差的空间分布图，时间为 2011 年 1—5 月，空间范围为 65°S—65°N，云量为＜0.01。

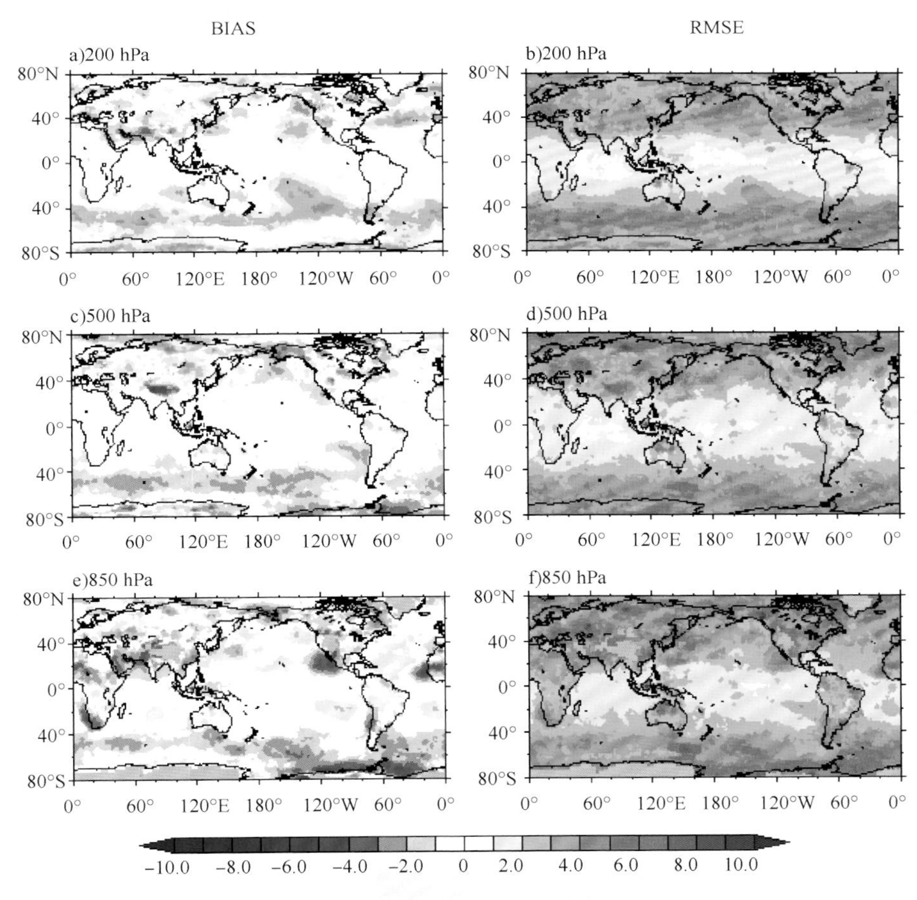

图 6.1　反演大气温度（FY-3B-ERA）偏差的空间分布图

大气可降水量（大气柱中水汽总含量，单位为 mm）的生成可基于红外分裂窗通道和近红外水汽观测，现更受关注的是微波观测，这三种途径的原理都是基于水汽光谱透过率的差异。图 6.2 是用 FY-3B 微波数据制作的全球海上大气可降水图。

基于光谱透过率的差异，是反演大气中多种气体、气溶胶、沙尘等的含量普遍使用的手段。如果不能通过比较简单的算式进行反演，则常常通过辐射传输方程，正演生成查找表，通过查表做反演。地面降水率（单位为 mm/h）和云水含量（单位为 mm）是利用微波辐射数据，采用统计反演法以及统计和物理结合的方法获取的。

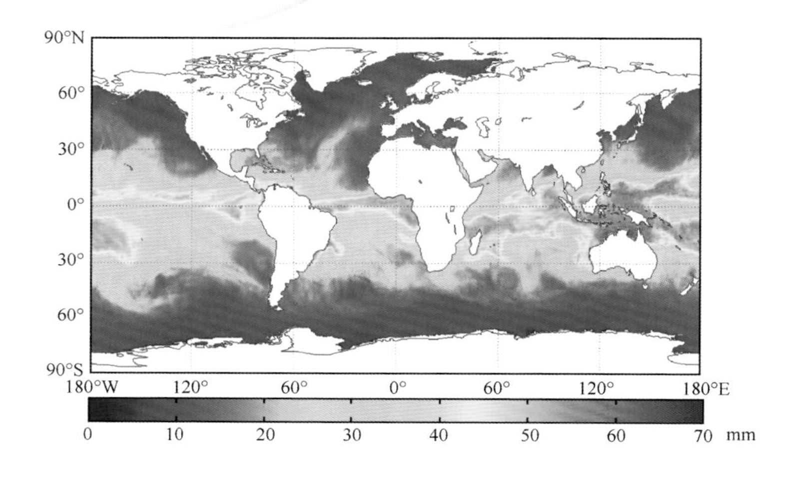

图 6.2　FY-3B 微波全球海上大气可降水图

（4）陆表和海表参数

假定下垫面为反射率均匀的朗伯面，可利用大气水汽、气溶胶、臭氧数据和卫星观测几何参数，借助大气辐射传输模拟计算，建立查找表，做大气修正，得到晴空陆地表面的反射率。

基于地物的光谱差异，可对每个晴空像素进行判识，确定像素为积雪、冰、陆地、水体等，并可对陆地像素进行土地覆盖分类。植物生长状况常用植被指数表示，归一化植被指数（NDVI）定义为

$$\mathrm{NDVI} = (R_{\mathrm{nir}} - R_{\mathrm{red}}) / (R_{\mathrm{nir}} + R_{\mathrm{red}})$$

式中，R_{red}、R_{nir} 分别为经过大气校正的红色和近红外通道的陆表反射率。

海冰可利用冰与水体在可见光和近红外通道的反射率有较明显的差异进行

判识。用海洋水色通道，做大气修正后，获取离水反射率和水色因子浓度。

利用两个相邻的热红外窗区通道水汽吸收特性的差异，在获取水汽含量的同时，还可获取陆表和海表亮温。海面的热红外发射率接近 1，海表亮温即可视为海面温度，但要得到陆表温度，还需进行不同陆表的发射率修正。消除大气的影响，也常用不同波段的组合来进行。

利用微波通道获取土壤湿度，今后将得到更大的重视，图 6.3 是用 FY-3B 微波成像仪数据制作的全球陆表土壤水分图。

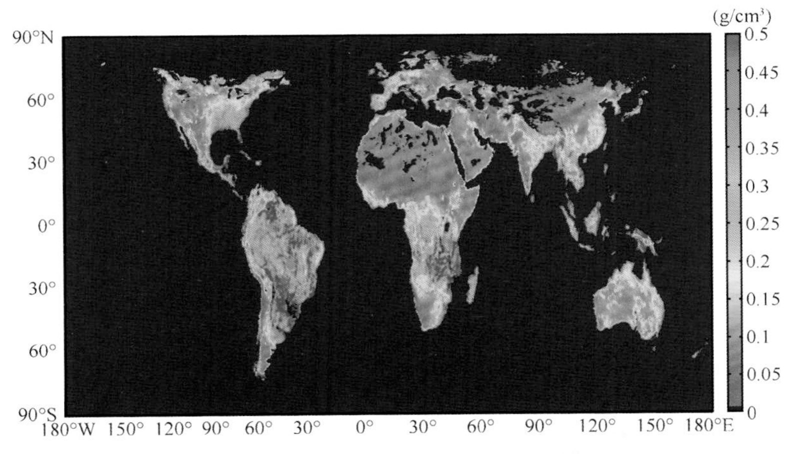

图 6.3　FY-3B 卫星 2011 年 3 月 7—12 日微波全球陆表土壤水分图

（5）图像产品

根据投影方式、空间分辨率和地理范围等，可对各种要素生成相应的图像。投影方式包括等经纬度投影、兰勃托投影、麦卡托投影、极射赤面投影等，地理范围主要包括全球、中国区域等。常将极轨气象卫星单轨图拼接成不同投影方式和地理范围拼图。根据需要，可进行伪彩色增强、彩色多通道合成，三维立体图像等处理。图像数据常转换成通用图像格式。图 6.4 为 FY-1C 卫星 2000 年 8 月 9 日全球多轨拼图，图 6.5 为 FY-1D 卫星北半球极射赤面投影多轨拼图，图 6.6 为 FY-1D 卫星南半球极射赤面投影多轨拼图。

图像处理的另一项工作是制作动画。利用静止气象卫星高时间分辨率、多频次的图像，制作云图动画，可以直观形象地演示云系的运动和演变，有助于天气分析和预报，也普遍应用在天气预报电视节目中。

图 6.4　FY-1C 卫星 2000 年 8 月 9 日全球多轨拼图

图 6.5　FY-1D 卫星北半球极射赤面投影多轨拼图

图 6.6　FY-1D 卫星南半球极射赤面投影多轨拼图

6.3 气象卫星产品真实性检验

真实性检验是通过独立的方法评价产品质量的过程。随着用户对产品精度的要求越来越高，遥感产品的真实性检验成为推动定量遥感发展及产品应用的关键环节之一。真实性检验主要有三种方法：不同卫星同类产品之间的相互检验，常规观测资料对遥感产品的检验和外场实测资料对产品的检验。

若具有可匹配的高精度实测资料，进行真实性检验当然最好。但是对于天气预报与气候分析中应用的许多大气产品，常常没有适用的实测资料。现在，常选用较为成熟、反演精度较高的国外同类产品，因此，可进行不同卫星间以及相同卫星不同遥感器间的资料匹配，再结合常规观测资料，开展遥感产品真实性检验工作。资料匹配需要合理选择时间窗口和空间窗口，如选择卫星过境 ±30 分钟时间窗口，以观测站点为中心 50 km×50 km 空间窗口，只对窗口内的观测值进行统计。

对产品的有效验证是一个持续、细致的过程，包括采用多种误差衡量方法（平均相对误差、误差在给定误差范围内的百分比、均方根误差等），根据产品不同的量程、组成、空间尺度（全球和区域）、时间跨度（不同的季节）进行统计。

真实性检验方法具有一定的不确定度。通过对各种可能影响因素的分析，可以估计检验结果的不确定度。这些影响因素包括遥感器间的波段差异、实际测量结果的误差等。

像地表温度、叶面积指数、火情监测等遥感产品，可以开展野外场地星地同步测量试验，获取实测资料，开展遥感产品真实性检验工作。例如，2008 年 6 月初至 8 月底，国家卫星气象中心在内蒙古锡林浩特草场组织了四次野外实验，结果显示 MODIS 叶面积指数产品的时间序列可以较好地反映草地的生长轨迹。2005 年 10 月，利用小飞机机载仪器在广西进行火情监测试验，卫星同步对 100 m^2 和 200 m^2 人工火场进行观测，结果表明气象卫星 1 km 的分辨率完全可以监测到小至 200 m^2，甚至 100 m^2 燃烧的火场。

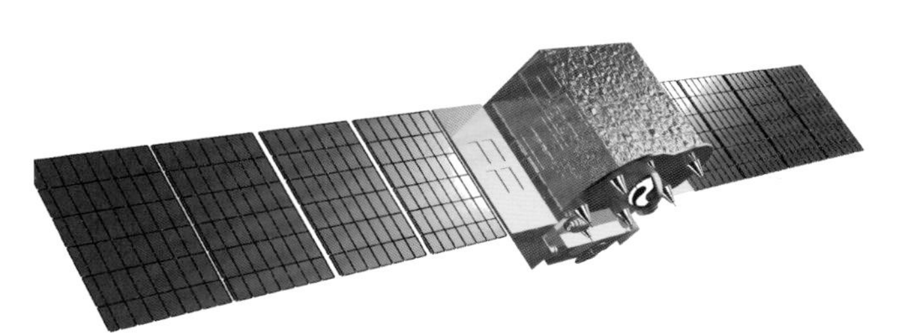

第 7 章　气象卫星资料接收处理服务系统

7.1 气象卫星地面应用系统

气象卫星资料接收处理服务系统也称地面应用系统或应用系统，它是一个系统工程。我国第一个气象卫星地面应用系统是 1987 年建成的 FY-1 资料接收处理系统。经过 20 多年的发展，目前已形成以国家卫星气象中心为主体，以北京、广州、乌鲁木齐、佳木斯和瑞典基律纳 5 个接收站组成的接收站网，以及 31 个省级卫星遥感应用中心和 2 500 多个卫星资料利用站组成的全国气象卫星遥感应用体系。除接收处理风云系列气象卫星外，还可接收利用美国、欧洲和日本的多颗卫星资料，已成为具有国际先进水平的卫星遥感数据中心。气象卫星应用系统分为极轨气象卫星应用系统和静止气象卫星应用系统。

7.1.1　极轨气象卫星应用系统

现在，极轨气象卫星 FY-3 地面应用系统具有 10 个技术功能系统，分别是数据接收系统（DAS）、运行控制系统（OCS）、数据预处理系统（DPPS）、产品生成系统（PGS）、产品质量检验系统（QCS）、计算机与网络系统（CNS）、数据存档与服务系统（ARSS）、监测分析服务系统（MAS）、应用示范系统（UDS）、仿真与技术支持系统（STSS），系统的组成见图 7.1。

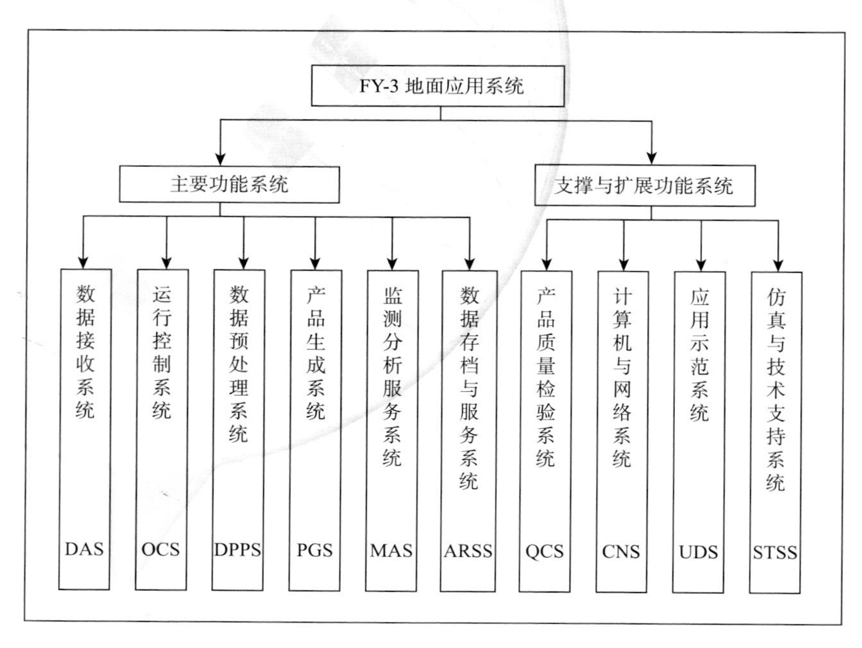

图 7.1　FY-3 地面应用系统组成

FY-3 地面应用系统的业务流程是：运行控制系统每天定时生成运行作业时间表，自动发往数据接收系统和计算机与网络系统的业务调度分系统。各站数据接收系统按时间表接收卫星资料，并将接收到的数据发送至计算机与网络系统。计算机与网络系统首先对各站资料进行去重复处理和质量控制，然后调度数据预处理系统和产品生成系统进行数据预处理，按时效要求生成各类定量产品，通过数据存档与服务系统进行数据和产品处理过程中的监视、数据传输和产品分发，同时进行数据存档与检索服务。

监测分析服务系统以人机交互方式生成产品，提供天气、气候、灾害、生态环境等方面的监测、评估、预警服务。产品质量检验系统负责产品质量检验和参数优化。仿真与技术支持系统用于各个系统功能和性能的检验、调整、扩充和业务运行故障分析的仿真测试。计算机与网络系统为整个应用系统提供计算机资源、数据快速传输网络、数据存储设备。应用示范系统为形成国家、区域、省三级应用体系，进行应用方法研究与示范以及应用效果验证等工作。

7.1.2　静止气象卫星应用系统

静止气象卫星 FY-2 地面应用系统由 6 个分系统组成，分别是指令和数据接收站（CDAS）、系统运行控制中心（SOCC）、资料处理中心（DPC）、应用服务中心（ASC）、计算机网络和存档系统（CNAS）和用户利用站（USS），系统组成见图 7.2。

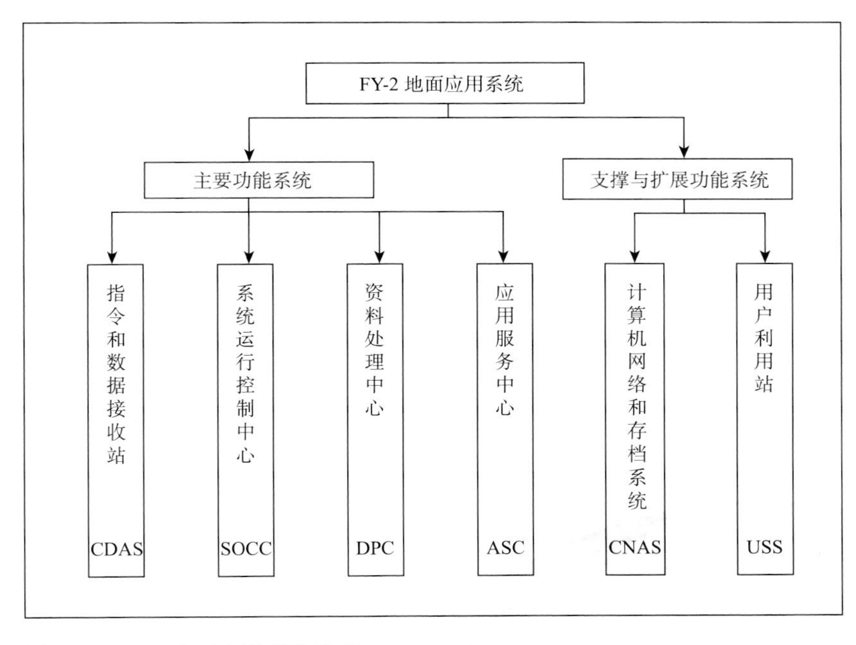

图 7.2　FY-2 地面应用系统组成

FY-2 地面应用系统的业务流程是：系统运行控制中心每天定时生成运行作业时间表，发往指令和数据接收站。指令和数据接收站在运行控制中心的指挥控制下获取原始云图，并生成展宽云图上星广播，同时将原始数据和展宽云图送资料处理中心进行数据处理，生成各类定量产品，通过计算机网络和存档系统进行产品分发、数据存档与检索服务。

经处理后的数据和产品送应用服务中心，进行产品二次开发制作，形成监测服务产品，通过网络和其他手段提供产品服务。用户利用站系统具有遍布全国的中规模数据利用站、DVB-S 接收站，接收和利用卫星广播的展宽云图和各种产品，还负责数据收集平台的应用示范。

7.2 业务运行控制系统

7.2.1 极轨卫星运行控制系统

FY-3运行控制系统实现对地面应用系统“五站一中心”的任务调度、业务运行和设备状态的监视，完成对卫星的业务测控任务。运行控制系统采用双机主备结构，从而保证了系统的24小时不间断运行。为了及时、准确地反映卫星和应用系统的运行状况，运行控制系统采用字符、表格、图形和三维动画等多种显示方式，在数十个屏幕上显示，还可对11个遥感器数据处理过程进行分屏全流程监视，并在出现异常状态时及时报警。

运行控制系统每天接收西安测控中心的轨道参数文件，形成卫星轨道报，提供给预处理系统、各地面接收站使用。国家卫星气象中心每天通过网站向全球用户发布符合国际标准格式的卫星轨道报。为保证轨道预报精度，卫星轨道报每天更新。

运行控制系统采用两级调度方式。一级调度是通过业务运行时间表或调度命令对数据接收、传输、处理、产品生成和分发各系统实施任务调度。二级调度则是各业务系统根据运行控制的时间表和自身业务运行的需要，再生成本系统业务运行日程表或调度命令，控制本系统的业务运行，同时将运行状态上报给一级调度。这种调度方式具有很强的灵活性，可适应各种异常情况的及时处理要求。

FY-3卫星的实时和延时遥测数据的接收有两个途径：一是西安卫星测控中心接收S频段遥测数据，二是国家卫星气象中心的地面站接收L、X频段遥测数据。运行控制系统对遥测数据进行处理、存档和显示，及时、准确地掌握卫星平台和各有效载荷的工作状况，确保卫星安全可靠运行。

极轨气象卫星的测控分为工程测控和业务测控。工程测控由西安卫星测控中心负责。业务测控是对卫星有效载荷运行进行控制，由国家卫星气象中心和西安卫星测控中心共同承担。

7.2.2 静止气象卫星运行控制中心

FY-2系统运行控制中心主机系统是一套高可靠的双机系统。FY-2卫星以时间表为业务运行调度依据，自动进行业务运行。卫星运行时间表由运行控制中心生成，提前 24 小时发给资料处理中心及指令和数据接收站，对于临时作业可进行临时调度，如增加临时观测、标校等。

运行控制中心根据资料处理中心所预报的卫星在轨运行参数（如星下点轨迹、卫星姿态以及卫星、太阳、地球等星体之间的关系等）和卫星遥测数据，实时监视卫星在轨运行状态。同时，以自动调度的方式，完成对各种作业流程的控制和监视。

FY-2 卫星的测控任务主要有图像获取和转发、三点测距、低速率信息传输产品广播等。卫星的图像获取包括圆盘图扫描、区域扫描、机动扫描等。三点测距的原理是根据三个不在同一直线上的地面站的位置，测量三个站各自到卫星的距离，以三角算法计算出卫星在空间的位置。由于轨道周期和倾角的变化，卫星会有东西和南北漂移现象，为保证卫星的定点精度，每隔一段时间就需要进行轨道控制。

每年春、秋分前后，太阳、地球与卫星会排成一列。每天午夜时分，地球正好位于卫星和太阳中间，将太阳光遮挡，形成了“地影”，即所谓星蚀。这时卫星上的太阳能帆板无法接受太阳照射，需启动星上蓄电池对卫星供电。对于星蚀，需提前安排卫星的运行和管理模式，保障卫星的安全。

7.3 气象卫星数据接收

7.3.1 极轨气象卫星数据接收

北京、广州、乌鲁木齐、佳木斯及瑞典基律纳 5 个极轨气象卫星数据接收站覆盖区域及接收卫星轨道见图 7.3。

FY-3 卫星过站时，同时用三条信道播放数据：（1）L 波段的高分辨率图像传输（HRPT），播放除中分辨率光谱成像仪外所有探测仪器的数据及卫星遥测数据；（2）X 波段的中分辨率图像传输（MPT），播放中分辨率光谱成像仪数据；（3）X 波段的延时图像传输（DPT），播放所有探测仪器的延时数据及卫星遥测的延时数据。三条信道的主要指标见表 7.1。

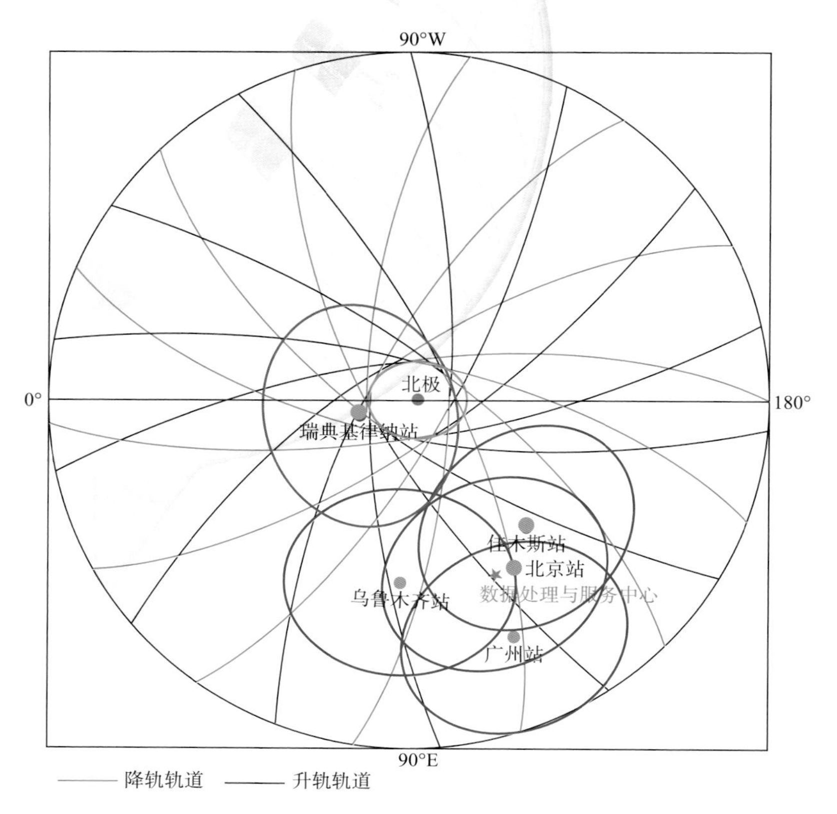

图 7.3　FY-3 卫星国内外接收站覆盖区域及接收卫星轨道示意图

表 7.1　HRPT、MPT、DPT 信道主要技术指标

参数	HRPT	MPT	DPT
载波频率（MHz）	1 698～1 710	7 750～7 850	8 025～8 400
码速率（Mbps）	4.2	18.7	93
时钟稳定度	2×10^{-5}	2×10^{-5}	2×10^{-5}
信道编码	CONV（7，3/4）	CONV（7，1/2）	CONV（7，3/4）
长期频率稳定度	$\leqslant2\times10^{-5}$/2 年	$\leqslant2\times10^{-5}$/2 年	$\leqslant2\times10^{-5}$/2 年
占用带宽（MHz）	5.6	37	128
调制体制	QPSK	QPSK	QPSK
有效全向辐射功率（dBm）	41（EL=5°）	46（EL=5°）	46（EL=7°）

数据接收系统根据运行作业表进行工作，在卫星过境前，将天线指向预置在卫星进站位置；当卫星进站时，跟踪卫星并接收卫星下传的数据；卫星离站时，将天线指向收藏位置。天线控制单元采用程序跟踪与自动跟踪相结合的方式，对过境的卫星进行捕获、跟踪，并同时接收 L 和 X 波段的信号，解调器对信号进行解调，然后做数据分包处理后存盘，并同时对数据进行质量判断，生成接收质量文件。

7.3.2 静止气象卫星数据接收

北京静止气象卫星的指令和数据接收站是国际上有重要影响的现代化地面站。FY-2 卫星三点测距站网除了北京主站外，还包括广州、乌鲁木齐以及澳大利亚墨尔本测距副站。2008 年 FY-2E 卫星发射后，我国的静止气象卫星形成了双星观测、一星在轨备份的格局，地面应用系统具备了三星管理的能力。图 7.4 是 FY-2 卫星指令和数据接收站使用的三副大型天线，天线直径 18.5 m 或 20 m。

星地之间信息传输可分为：下行的卫星观测资料、数据收集平台资料、卫星状态信息、卫星控制命令执行结果信息；上行的展宽图像、低速率图像数据、卫星控制命令、三点测距信息。FY-2 卫星下行信息的主要参数如表 7.2 所示。

在静止卫星自旋一周的 360° 中，当辐射仪扫描地球的 20° 时，将其获取的对地观测原始云图数据传送给指令和数据接收站，码速率高达 14 Mbps。展宽云图数据处理器对原始扫描数据进行重采样，在行与行之间和像素之间精确配准，按规定的格式生成展宽数字云图（S-VISSR）数据，利用辐射仪面向冷空时转发广播，码速率降为 660 Kbps，同时将原始云图、展宽云图送数据处理中心。

图 7.4　FY-2 卫星指令和数据接收站的大型天线

表 7.2 FY-2 卫星下行信息主要参数表

信息名称	码速率	调制方式	频率（MHz）	带宽	误码率
原始云图	14 Mbps	QPSK	1 681.6	20 MHz	$\leqslant 10^{-6}$
展宽云图	660 Kbps	DPSK	1 687.5	2 MHz	$\leqslant 10^{-6}$
低速率信息	150 Kbps	DPSK	1 691.0	2 MHz	$\leqslant 10^{-6}$
数据收集平台接收系统	100 bps	PCM/PM	1 709.5	3 KHz	$\leqslant 10^{-5}$

7.4 计算机与网络系统

7.4.1 气象卫星数据的通信传输

随着气象卫星获取的信息越来越丰富，各地面站和北京数据中心之间需要传输的数据量急剧增长，时效要求也不断提高。现在的要求是，国内站在 FY-3 HRPT 和 MPT 资料接收后，5 分钟内传到资料处理中心；DPT 资料接收后，30 分钟内传到中心；国外站在资料接收后 1 小时内传到北京。

在 FY-2 应用系统工程中，北京地面站与资料处理中心之间建成了具有双光纤、高带宽、迂回连接的专用网络，从而确保指令和数据接收站与资料处理中心、运行控制中心之间的实时通信畅通。2008 年发射 FY-3 卫星后，北京地面站与资料处理中心之间的通信传输也使用这个万兆的互连网络。中心到广州、乌鲁木齐、佳木斯和基律纳地面站网络链接的专线带宽分别为 100 Mb、100 Mb、66 Mb 和 45 Mb，都是租用电信运营商的光纤链路。

7.4.2 计算机与网络

FY-3 卫星应用系统是分布式系统，以高性能计算机为主要计算平台，服务器与存储设备之间和服务器之间通过高速网络进行数据交换，基于数据库系统对数据进行管理。配置了超过 1 400 个 CPU 组成的 Unix 服务器机群系统，超过 10 万亿次的计算能力，容量 720 TB 的在线和 2.5 PB 的近线存储能力。系统按功能划分为地面接收站、网络与传输、资料与产品处理、存档与服务四层架构，应用系统结构如图 7.5 所示。

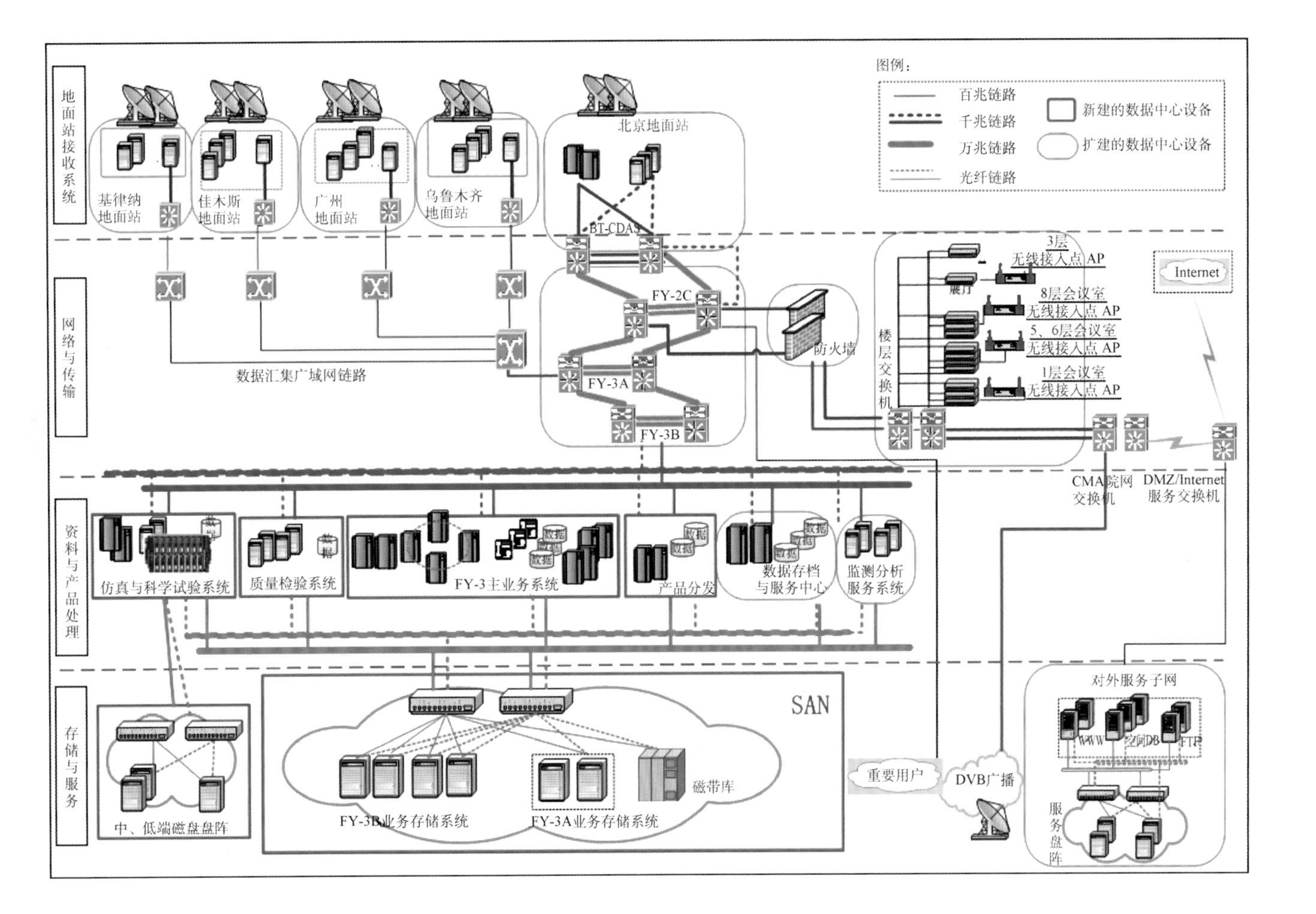

图 7.5　FY-3 地面应用系统结构图

7.5 资料存档与分发服务

我国自 1972 年开始接收国外气象卫星资料，保存了大量资料。截至 2012 年，已保存了国内外数十颗卫星总量超过 2 PB 的数据，是国内最大的数据中心之一。

（1）卫星资料的种类和时效

气象卫星资料可以按照处理过程划分为四级。0 级数据：是指地面站接收的经过解码和解包后的原始数据。1 级数据：是指 0 级数据经过质量检验、定位、定标预处理后得到的数据。2 级数据：是指对 1 级数据进行反演处理，生成大气、陆地、海洋和空间的各种地球物理参数，以及基本图像、环境监测、灾情监测等产品。3 级数据：是指在 2 级数据基础上生成的候、旬、月格点产品和其他分析产品。

气象卫星产品按时效分为实时产品和延时产品。实时产品使用星上直接广播的资料生成，覆盖中国及其周边区域，具有时效高、服务快的特点。比如 FY-3 中分辨率光谱成像仪、微波成像仪和可见光红外扫描辐射计的数据均按 5 分钟数据段为单位进行处理，其他仪器按高时效弧段和轨道两种方式处理，在卫星过境后 10 分钟内可生成 1 级产品，15 分钟后生成 2 级产品。延时产品使用星上存储、延时回放的资料，每天处理 1～2 次，时效为天，覆盖范围为全球。

静止气象卫星高时效产品是指静止气象卫星完成北半球扫描后，在 3 分钟内完成资料处理，得到的各类产品。

（2）资料存档

国家卫星气象中心存档资料主要包括：FY-2、MTSAT-1R、GMS、GOES-9、Metosat-5 等静止气象卫星数据和产品，FY-1、FY-3、NOAA 等极轨气象卫星数据和产品，EOS-Terra/Aqua 的 MODIS 1B 数据。

资料存档系统采用在线、近线、离线三级存储体系。资料处理系统将数据送到存档系统的数据交换区，在进行数据质量检验、提取元数据和图像快视后，将数据分类存储到文件系统，这类数据称为在线数据。在线数据一般在 24～36 小时内转存至磁带库，称为近线数据。为了数据的安全，每份数据保存

2份，并且保存在不同的磁带上。当数据达到近线保存时限时，磁带出库脱机保存，此类数据称为离线数据。

在线、近线、离线数据采用不同的数据回调方式。在线数据可直接将数据拷贝至指定地点；近线数据根据用户请求，从磁带库进行数据文件回调，送至指定地点；离线数据需要人工干预，将磁带放回磁带库，再按照近线数据方法回调数据。

（3）资料分发与共享服务方式

根据气象卫星数据全球共享的国际惯例，我国气象卫星的数据和产品向用户开放。FY-2卫星资料开放政策包括：向全球直接广播S-VISSR探测资料，定期发布卫星运行状态及仪器定标系数；向国内外非商业用户提供各级产品；商业用户需签订数据服务协议后提供相应服务。FY-1和FY-3卫星资料开放政策包括：向全球直接广播所有仪器的探测资料，定期发布卫星轨道参数、卫星运行状态及仪器定标系数；向国内外非商业用户提供可见光红外扫描辐射计、中分辨率光谱成像仪、微波温度计、微波湿度计、红外分光计的各级产品，通过科研项目合作方式，向国内外用户提供微波成像仪、紫外臭氧总量探测仪、紫外臭氧垂直探测仪、地球辐射探测仪、太阳辐照度监测仪的各级产品；经授权向有关用户提供全球延时观测资料，提供可见光红外扫描辐射计、中分辨率光谱成像仪、微波温度计、微波湿度计、红外分光计的数据预处理软件；商业用户需签订数据服务协议后提供相应服务。

目前，气象卫星的资料分发途径主要有6种，分发途径的特点和适用范围如下：

1）卫星直接广播的资料：适于业务实时性要求高、具有卫星直接接收处理系统的用户。

2）同城实时资料分发：国家卫星气象中心将实时接收、处理的各类卫星数据和产品，通过FTP方式主动送到用户指定的服务器。适于数据需求数量大，时效要求高的业务用户，前提是这些用户必须与中国气象局网络联通。目前，该类用户主要包括国家气象信息中心、北京市气象局等。国家气象信息中心负责将数据二次分发给某些业务用户。

3）CMACast资料广播：采用卫星数字视频广播技术（DVB-S），将各类数据和产品上行到通信卫星进行广播。用户站可以根据自己的需求定制接收节目表，接收指定的卫星数据和产品，同时可使用专用的客户端软件对数据和产品进行处理、应用和服务。

4）网站资料服务：通过国家卫星气象中心风云卫星遥感数据服务网（http://satellite.cma.gov.cn），可以浏览、检索和下载实时和历史卫星数据和产品。用户在网站上注册成为一个具有数据下载权限的用户后，根据所要数据的卫星名称、产品名称、时间等，就可以按照一定的步骤下载数据了。

至2012年，国家卫星气象中心无偿对外提供包括8颗风云系列气象卫星在内的20多颗国内外卫星的数据和产品，网站注册人数已经超过2.6万人，每年点击率超过100万人次，自动处理用户订单超过2.2万个，数据共享服务量超过600 TB，已经达到世界先进水平，其中风云卫星数据占总服务量的89%。

5）FTP资料服务：FTP下载有两种方式，一是通过国家卫星气象中心FTP服务器，与中国气象局大院网直联的用户可以下载1～3个月内各类数据和产品；二是通过国家气象信息中心气象资料共享平台，省级气象部门可以通过宽带网下载数据。

6）人工资料服务：国家卫星气象中心设有专门的数据服务机构，可以为用户提供数据服务和帮助。用户可向国家卫星气象中心提出数据申请，由数据服务人员提供人工数据下载和转存服务。

7.6 国外卫星资料获取

目前，国际上主要的气象卫星数据和产品服务网站有：美国国家航空航天局（http://www.nasa.gov）、美国国家海洋和大气管理局（http://www.noaa.gov）、美国地质调查局（http://www.usgs.gov）、欧洲气象卫星开发组织（http://www.eumetsat.eu）、日本气象厅（http://www.jma.go.jp）等。

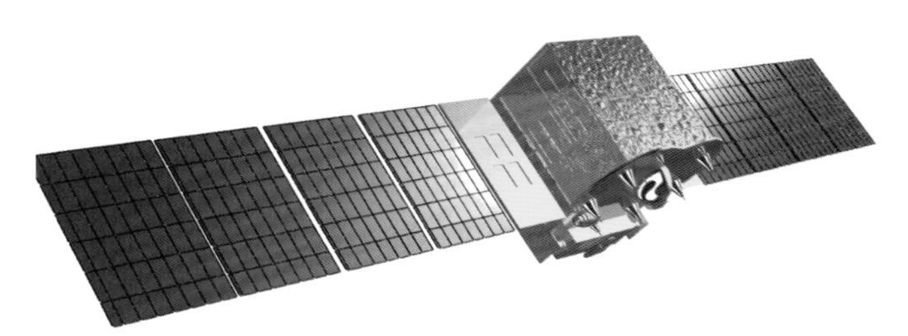

第 8 章 卫星云图在天气分析和预报中的应用

8.1 卫星云图的基本特征

8.1.1 卫星云图分析的思路

大气中，云有不同的高度和类型，如图 8.1 所示。卫星云图上，云的大小、形状、轮廓、结构、纹理、垂直伸展高度，都不是随机形成的，而是大气中的热力和动力过程发展的必然结果。

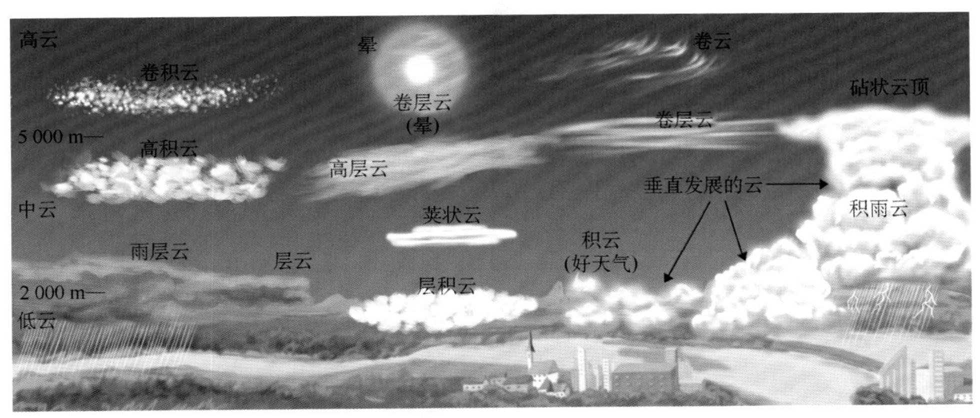

图 8.1 大气中不同高度和类型的云

天气预报人员通常是怎样分析卫星云图的呢？首先，要看看是哪个通道的，是可见光云图，还是红外云图。接着，可做云判识，把云和地表区别开来，尤其是将云和积雪区别开来，再做云分类，是高云还是中云，是积状云还是层状云。进而，可分析云的大范围分布，识别云系及其对应的天气系统，推理天气系统的发展和演变。还可根据卫星云图估计各种气象要素，如风、温度、湿度、大气稳定度、垂直运动、涡度、散度、降水强弱及分布等。最后，将卫星云图和数值预报结果、常规天气图、雷达资料等结合在一起，做全面综合分析，进行天气预报。

卫星云图是广大天气预报人员最基本的气象卫星资料，但是判识和利用卫星云图却不是一件容易的事。为了综合分析卫星云图，分析人员不仅要具备大气和地物的组成、物理状态、空间结构等方面的基本知识，了解云图所在波段的辐射特征，了解大气环流和大气中各种热力学和动力学天气过程，还要熟悉高、中、低纬度各种不同水平尺度的天气系统。

8.1.2　不同通道云图的辐射特性

目前最常见的卫星云图有可见光、长波红外、中波红外和水汽图像，以及微波图像。由于它们的辐射特性不同，判识所关注的重点和应用方法也有所不同。

（1）在可见光波段，卫星接收到的是云和下垫面反射的太阳辐射，不同类型下垫面和云的典型反射率值如表 8.1 所示。

表 8.1　不同类型下垫面和云的典型反射率值

类型	反射率（%）	类型	反射率（%）
海洋、湖泊	8	卷层云	32
黑土	14	卷云	36
植被	18	薄层云	42
沙地、沙漠	27	厚层云	64
海冰	35	层积云	68
旧雪	59	积云	69
新雪	80	积雨云	86

在可见光黑白图像上，反射率高的地方一般赋予浅色调（白色），反射率

低的地方赋予深色调（黑色）。根据色调，云、陆地、水面都能比较容易地识别出来。云的反射率范围跨度很大，不同的云型有不同的组织形态和纹理结构，例如卷云多是丝缕状的，积状云的云顶较为粗糙等。

（2）在长波红外窗区波段，卫星接收到的是云和下垫面的发射辐射。云和下垫面可以近似当作黑体，所以红外图像为一幅反映观测物温度高低的图像。在红外图像上，温度低的地方一般赋予浅色调（白色），温度高的地方赋予深色调（黑色），不同高度上的云的色调明显不同。

（3）在6.7 μm水汽吸收带波段，卫星接收到的是对流层中上部大气中水汽发射的辐射。水汽图也是一幅亮度温度图像。当对流层中上层水汽含量多时，卫星只能遥感到相对高度较高的层中的水汽，因而相应的温度低。当水汽含量少时，可遥感到相对低的层中的水汽，因而相应的温度高。水汽图像的灰度赋色方式和红外图像一致，纹理显得光滑连续，和大尺度天气系统对应较好。图像上，干区、湿区以及它们之间的边界特征和变化，对天气系统的发展有明显的指示意义。

（4）在中波红外3～5 μm波段，太阳短波辐射和地物长波辐射相互交叠。在白天，测值中既包含太阳反射辐射的贡献，又包含地物发射辐射的贡献，因此，这个波段图像就提供了可见光波段或长波红外波段没有的信息，成为非常有用的波段。

中波红外波段的散射辐射与云相态和粒子尺度密切相关，水云粒子比同样大小的冰云粒子有较高的散射率，水云粒子较小者又有较高的散射率，依据不同的散射特性，可识别云粒子的相态和粒子的大小。在中波红外波段，云滴的发射率只有0.9左右。因此，夜间用中波红外与长波红外通道的亮温差，可区分低云和地面。

8.1.3 卫星云图上云的特征

由于空气温度、湿度和上升运动的不同，云的形态也多种多样。不同形态的云，预示着可能发生不同的天气现象。大范围空气上升形成大片层状云，通常会产生持续性降雨；在潜势不稳定的层结大气中，局部地区低层暖湿空气强烈上升，形成对流云，常伴随暴雨、雷雨、大风及冰雹天气；空气流动呈起伏波状，常形成波状云，伴随多云天气。卫星云图上云的特征见表8.2。

表 8.2　卫星云图上云的特征

云类		云型特征	色调特征	
			可见光	红外
卷状云	毛卷云	纤维状结构，通过云层可以看见云下方的云和地物	深灰至灰色	浅灰色
	密卷云	厚而密实，云素常呈球状或细长状	浅灰至白色	白色
	卷层云	顶部光滑均匀，边界处呈纤维状，为带状或宽的云罩	灰色至白色	白色到灰色
层状云	高层云和高积云	顶部光滑，纹理均匀，边界破碎或光滑，常以层状出现	浅灰色	均匀的中灰色。在极区，云区比周围积雪覆盖区更暗
	雾和层云	顶部光滑，边缘陡峭，视情况可以与地形等高线一致	从灰到白。雾越厚越浓，色调越白	均匀的中灰色。夜间比四周无云区色调更暗
积状云	积云和浓积云	不规则的云素或云素群，如洋面上的冷平流区中的开口细胞状云或云线	白亮	较明亮，取决于云顶所伸及的高度
	积雨云	初生阶段边界光滑整齐，成熟阶段边界有短的卷云羽出现。随风切变的大小呈胡萝卜状或球状	非常白亮，纹理较光滑。当有穿顶性强对流云时，云顶多起伏，呈多皱纹和斑点状	云中心部分和向上风方向非常白亮，边缘清晰；向下风方向逐渐变暗，边缘模糊发毛
	层积云	在洋面上冷空气平流区中表现为闭合细胞状云。从运动学的理念去观察，常看到与层积云相伴的重力波，有时可能出现山地波或岛屿背风涡旋	云顶均匀，中心白亮，朝边缘薄处逐渐变灰	均匀的深灰色调，细胞状结构不明显，当云层很低时，可能检测不出来

图 8.2　神舟三号飞船得到的云线图像

8.2 云系的特征

8.2.1 大尺度云系

大尺度云系的形态多种多样，有带状、涡旋状、逗点状、叶状、细胞状、波纹状等。这些特征性云型与天气系统相关，分析这些云系便能识别各类天气系统。

（1）带状云系

带状云系的长宽比至少为 4∶1，当宽度大于一个纬距时称作云带，小于一个纬距时称作云线，图 8.2 是神舟三号飞船中分辨率成像光谱仪得到的云线。

（2）锋面云系

锋面是指冷暖气团之间的一个朝冷侧倾斜的交界面，锋面所对应的云系称为锋面云系，通常表现为云带。锋面云系分为四种，冷锋锋面移动过程中，冷气团向暖气团推进，从而推动锋面向暖区移动，在示意图 8.3 上，冷锋云系表现为与涡旋云系相连接的云带；暖锋与冷锋恰好相反，暖气团起主导作用，比冷锋尺度小；静止锋的冷、暖气团势力相当，锋面位置变化很小；锢囚锋是按螺旋形状旋向气旋中心的云带。图 8.4 是海洋上空的锋面气旋云系图像。

图 8.3　海洋上空的锋面气旋云系示意图

图 8.4　海洋上空的锋面气旋云系图像

（3）涡旋云系

涡旋云系具有螺旋云带和中心，或表现为一片近乎圆形的密蔽云区。大尺度涡旋云系的水平尺度从几百到几千千米不等，中小尺度涡旋云系从几十到几百千米。典型大尺度涡旋云系天气系统有温带气旋和热带气旋。温带气旋的初生阶段常与叶状云系有关；发展阶段表现为叶状云型向逗点状云型转变；随着气旋的发展，冷锋云带显著增强，云系出现典型的螺旋结构，表明温带气旋已经发展到成熟阶段；气旋发展到消亡阶段时，螺旋云区与冷锋云带断裂，整个气旋云系不连续。图 8.5 是 FY-2C 卫星在 2008 年 9 月 10 日得到的叶状云系，图 8.6 是 FY-2C 卫星在 2008 年 8 月 17 日得到的逗点云系，图 8.7 是神舟三号飞船中分辨率成像光谱仪得到的小逗点云系，图 8.8 是温带气旋的螺旋云系。

图 8.5　FY-2C 卫星得到的叶状云系

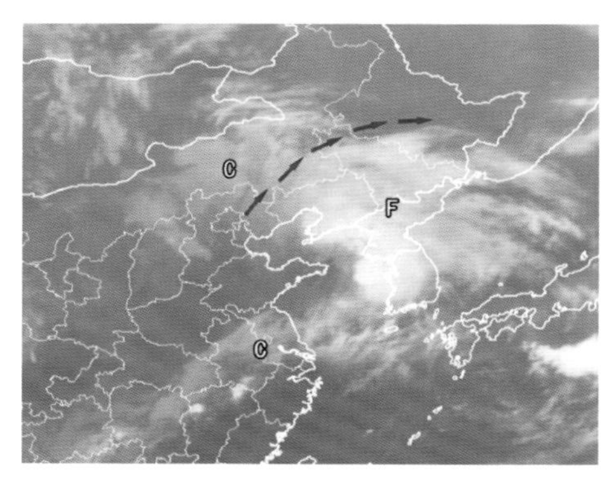

图 8.6　FY-2C 卫星得到的逗点云系

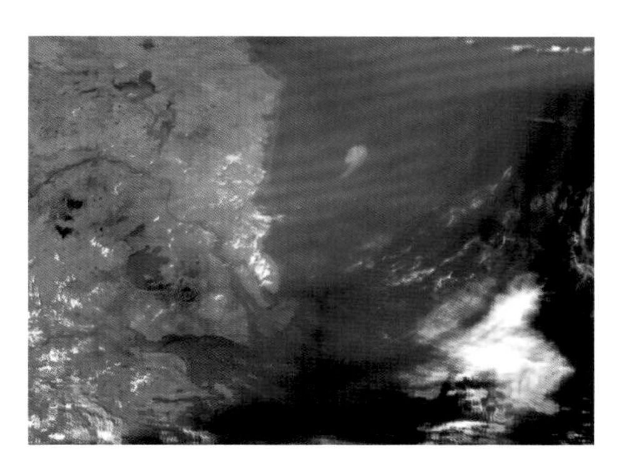

图 8.7　神舟三号飞船得到的小逗点云系

图 8.8　温带气旋的螺旋云系

（4）反气旋云系

海面上的反气旋在云图上通常表现为细胞状云，主要是由于冷空气受到下垫面加热而形成的。细胞状云系具两种形态：开口细胞状云系中间无云，四周有云，主要由积云、浓积云组成；闭口细胞状云系中央有云，四周无云或少云，主要由层积云组成。图 8.9 是神舟三号飞船中分辨率成像光谱仪得到的细胞状云系。

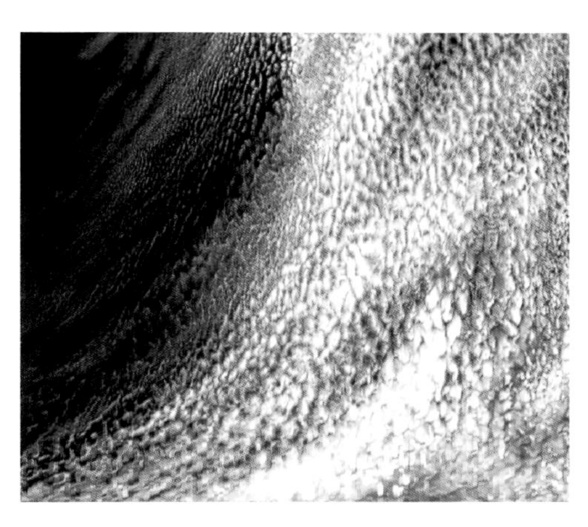

图 8.9　神舟三号飞船得到的细胞状云系图像

（5）急流云系

急流是水平尺度在 2 000 km 以上强而窄的气流，且为温度急剧变化带。急流一般分为高空急流和低空急流。高空急流通常指 200～300 hPa 之间，风速超过 30 m/s 的强风速带；低空急流则是指 850～925 hPa 之间，水平风速超过 12 m/s 的强风速带。在卫星云图上，我们能看到高空急流，看不到低空急流。

按形态和结构特征，急流又可分三种。管状急流在 200～300 hPa 高度上，急流带中内嵌多个中小尺度的急流核，具有线状的特征，且云系不随时间变化产生旋转；正涡度平流型急流的最大风速轴呈气旋性弯曲；负涡度平流型急流的最大风速轴呈反气旋性弯曲。观察急流最有利的工具是水汽图像。图 8.10 是 FY-2C 卫星于 2009 年 8 月 11 日观测到的管状急流图。

a

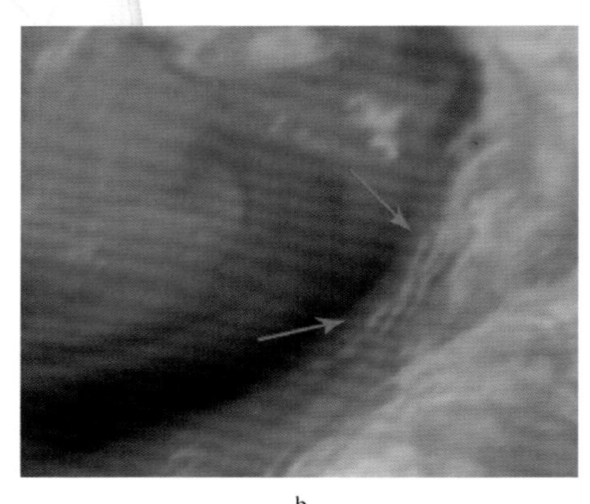

b

图 8.10　FY-2C 卫星观测到的管状急流图：a. 可见光通道；b. 水汽通道

（6）水汽边界型

运用水汽图像观察天气系统时，要注意水汽图像上的边界。在很多情况下，云系的边界就是水汽图像上的边界。水汽图上的边界反映了边界两侧湿度状况的差异，可能由两侧干、湿气团的运动的不同造成。不同性质的天气系统，有其特定类型的边界。

把高密度卫星云导风与水汽图叠加在一起进行分析，水汽图上的纹理和卫星云导风的分布常表现出气流的疏散和汇合，在有重要天气系统发展的时候，表现得特别明显，我国重要的灾害性天气中几乎都有反映。图 8.11 是 FY-2E 卫星 2010 年 6 月 7 日云导风和水汽图像的叠合图，在长波槽的前面，河南、湖北、湖南一带槽前高空气流呈强烈散开状，出现了大暴雨天气。

8.2.2　中尺度对流云系

中尺度对流系统是造成暴雨、龙卷、冰雹、大风等灾害的天气系统，它由对流单体、超级单体风暴和多单体风暴以各种形式组织而成。中尺度对流系统包括中尺度对流复合体和飑线，可以细分为α-中尺度系统（200～2 000 km）、β-中尺度系统（20～200 km）和γ-中尺度系统（2～20 km），生命史从几十分钟到十几小时。

（1）强对流系统的结构特征

在可见光云图中，强对流系统常表现出清晰的边界和块状纹理；用红外云图可确定它们是深厚的冷云顶，还是浅薄的暖云顶；在白天，还可用中波红外图像来确定云的微物理特征。强烈发展的中尺度对流系统，云顶迅速抬

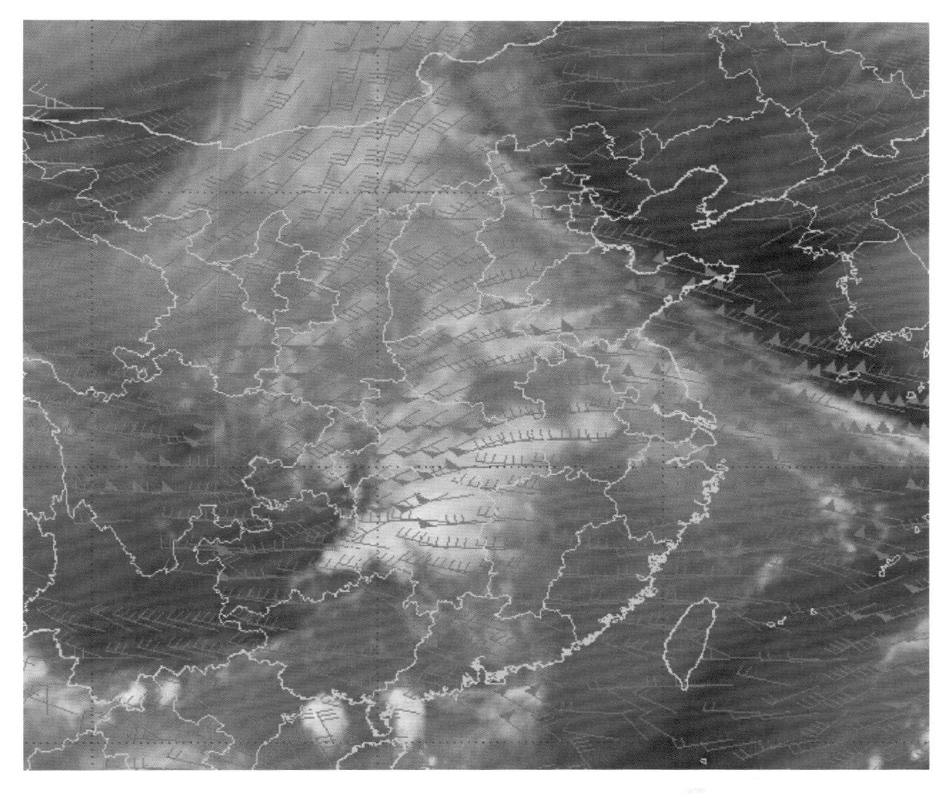

图 8.11 FY-2E 卫星 2010 年 6 月 7 日云导风和水汽图像的叠合图

高，亮温下降，面积增大，亮温梯度加大。成熟强对流系统的结构特征主要包括三个方面：云砧、上冲云顶和表征边界层外流的弧状云线。图8.12为雷暴云垂直剖面示意图。图8.13为中尺度对流系统上冲云顶云图，A、B、C指向上冲云顶明亮隆起。图8.14为神舟三号飞船中分辨率成像光谱仪获取的强雷暴云团图像。

· 云砧：是积雨云顶部在高空强风作用下，上升气流达到对流层顶而向下风方向水平扩展形成的砧状冰晶云体，可以伸展出几十甚至上百千米，宽大而浓厚，并可维持较久。

· 上冲云顶：作为强风暴的一个特征，标志着该地区存在强烈的上升气流，使雷暴云砧的顶部穿过对流层顶进入平流层。在可见光图像上，上冲云顶明亮隆起；在红外图像上，上冲云顶具有最冷区，并伴有较大的云顶温度梯度，曾经观测到上冲云顶与周围云砧有高达 18℃的温差。

· 边界层外流的弧状云线：雷暴形成的强降水，伴有强烈下沉气流，下沉到地面的冷气流向四周外流，与流入的环境气流相互作用，产生由积云、浓积云组成的弧状对流云线。这一边界又称为阵风锋，会触发新的雷暴形成和发展。

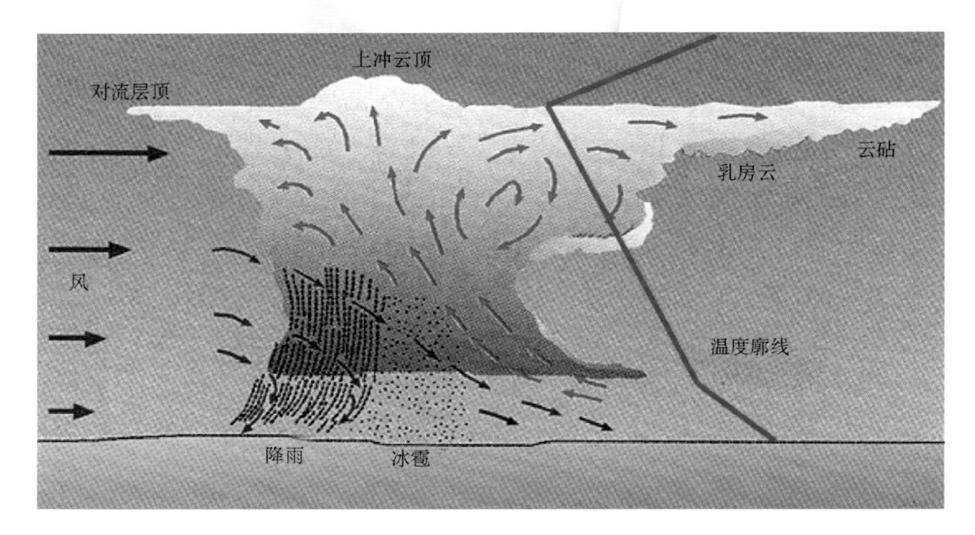

图 8.12　雷暴云垂直剖面示意图

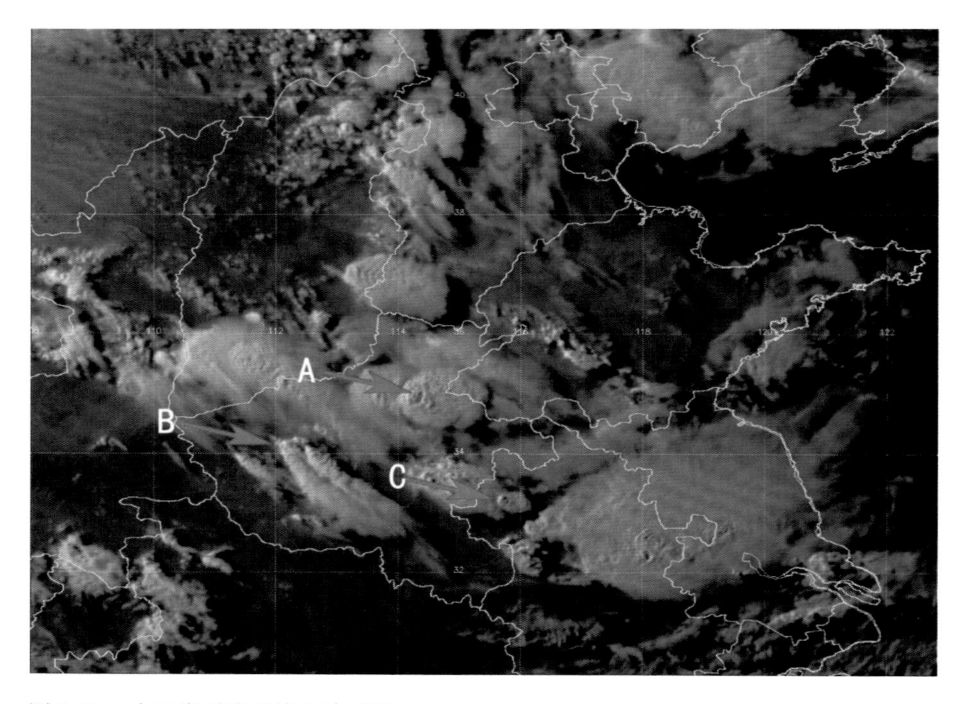

图 8.13　中尺度对流系统上冲云顶

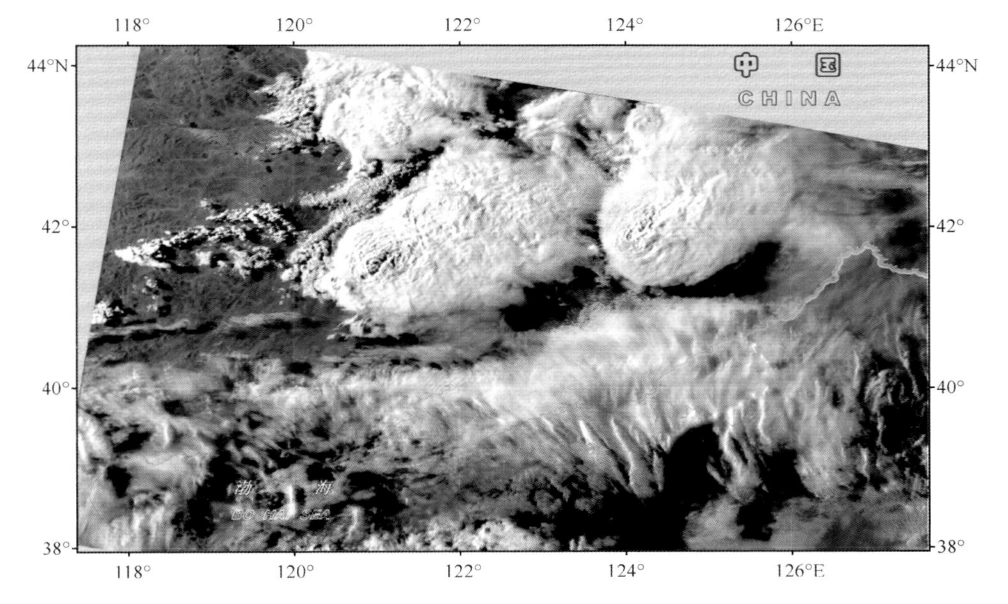

图 8.14　神舟三号飞船获取的强雷暴云团图像

（2）有组织的中尺度对流系统

有组织的中尺度对流系统的典型生命史由几小时至十几小时。包括：

· 中尺度对流复合体（MCC）：为一个巨大的近于圆形或卵形的云区，在 MCC 的前沿（迎风方），通常为活跃的对流云区，出现较冷的云顶，卷云砧向活跃云区的下风方扩散。这类系统在春、夏季中纬度大陆上最为常见。暴雨、冰雹、闪电、强风和龙卷通常与这种天气系统相伴。

· 飑线：是排列成线（带）状的雷暴群，范围较小、生命史较短。其宽度由几百米至几千米，最宽至几十千米，长度一般由几十至几百千米。大部分飑线与锋面活动有关，主要发生在冷锋前 100～500 km 的暖区内。飑线过境时，风向突变，气温骤降，狂风、暴雨、冰雹和雷电交加，能造成严重的灾害，并且预报难度大。

8.3 卫星云图在中高纬度天气分析预报中的应用

8.3.1 温带气旋

温带气旋出现在中高纬度地区，云型极不对称，小型的有几百千米，大型的可达 3 000 km 以上，生命史一般为 2～6 天。温带气旋对中高纬度地区的天气变化有着重要的影响，多带来风雨天气，有时伴有暴雨或强对流天气，近地面最大风力可达 10 级以上。

温带气旋的流场、温湿度场由暖输送带、冷输送带和干带三条输送带组成，它们通常有 1～3 km 厚、200～300 km 宽、几千千米长。典型温带气旋输送带模式结构图见图 8.15，暖输送带来自对流层下部的较低纬度，从气

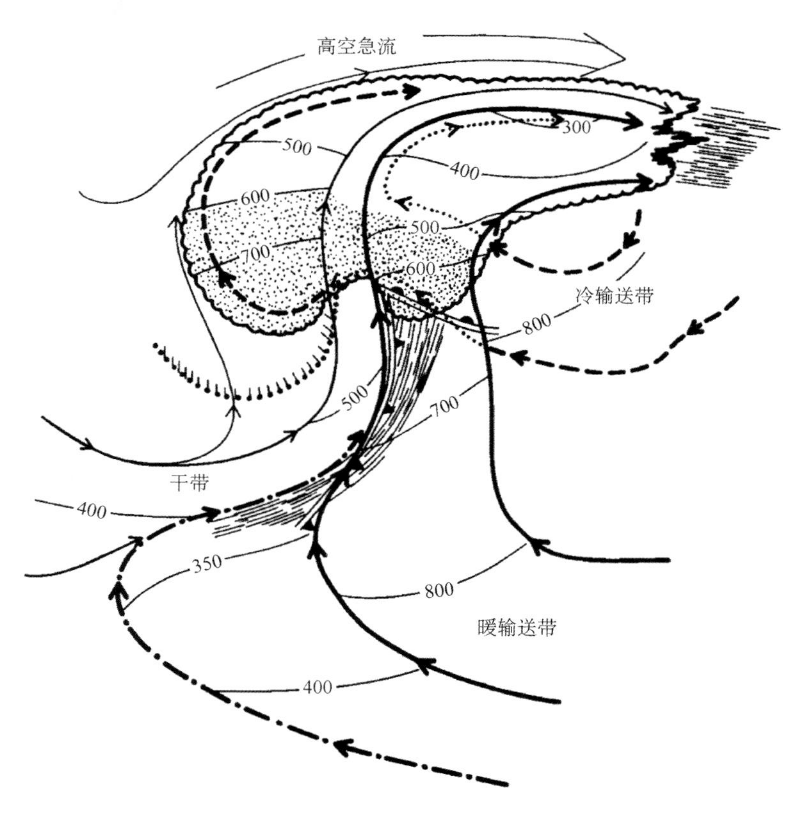

图 8.15　典型温带气旋输送带模式结构图

旋东南侧的暖区流入气旋，沿锋面爬升，向东北方向流出；冷输送带来自对流层下部的较高纬度，从气旋东北侧进入气旋，上升转向东北方流出，与暖输送带合并；干带来自对流层中上部，从西侧流入气旋，其中的一部分卷入气旋中心附近的低压环流中，另一部分以反气旋方式下沉，切入到冷锋的下面。

8.3.2 高空冷涡

高空冷涡是影响我国北方地区重要的天气系统之一，一年四季都可能出现，夏季出现概率明显高于冬季，其影响一般为3～5天，甚至更长，通常形成低温、连阴雨、冰雹或雷雨大风等强对流天气。冷涡云系多由分散状对流云块组成，云块的排列有明显的涡旋状特征，或者具有锢囚气旋云系的特征。

中纬度地区高空西风气流中多槽脊活动，当波状气流振幅加大时，往往在西风气流的波脊中形成闭合的反气旋性环流，即阻塞高压。由于它的阻挡，西风气流便在它的西侧拆分成两支，分别从其北侧和南侧绕过，并在南侧中常常形成一个切断低压，这个低压在南下东移中，气旋性的旋转逐渐加大，形成一个冷空气堆，最终变成一个深厚冷性涡旋系统。当强西风不能继续维持时，冷涡将逐渐消失，或是当冷涡北移，结构破坏时，冷涡也会迅速消失。

8.3.3 夏季江淮流域强降水

夏季风暴发后，梅雨就成为我国长江中下游地区的主要降水现象，图8.16为1999年6月27日FY-1C卫星获取的梅雨锋云系。

梅雨锋降水期间，大气层结一般为上层干冷、下层暖湿的不稳定层结。在雨带初生阶段，北方冷空气不断扩散南下，南方的偏南暖湿夏季风经南海、中南半岛一带和华南地区向北涌进，二者在长江中下游一带交汇、对峙，形成持续性降雨。在此过程中，这条冷暖空气交汇带里面还常常出现一个或几个气流汇合扰动区，带来剧烈降雨。当夏季风进一步向北推进，副热带高压加强西伸，使该区域的低层辐合-高层辐散的耦合不复存在，雨带消散，梅雨结束。

梅雨的中尺度对流云团生成和发展的概念模型见图8.17，它们常常出现在锋面切变线云系的西端，西南季风云系北端，青藏高原东移的中纬度短波槽交汇处。这种中尺度云团一旦发生，就会沿锋面切变线向东移动，通常可维持数小时，甚至更长的时间。

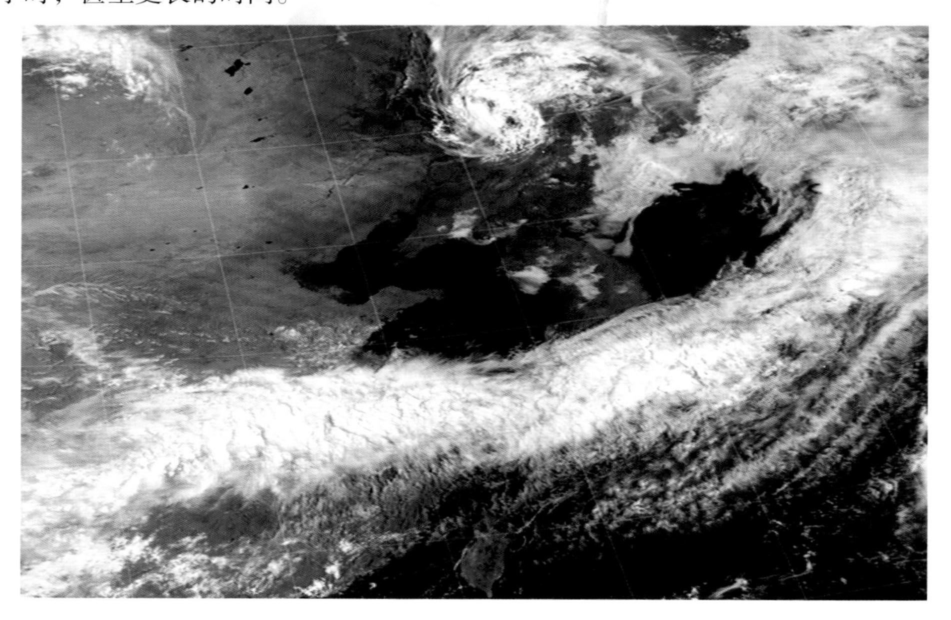

图 8.16　1999 年 6 月 27 日 FY-1C 卫星获取的的梅雨锋云系

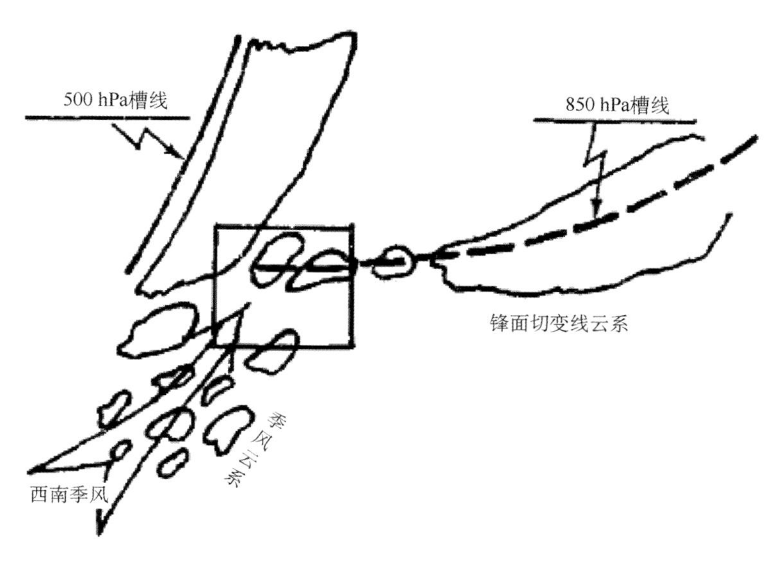

图 8.17　梅雨的中尺度对流云团生成和发展的概念模型

实践中发现，这种中尺度对流云团发展的概念模型也适用于长江流域以外的地方，比如西北、华北和山东等地，这时候的中尺度对流云团多活跃于冷锋云系的末端。

8.4 卫星云图在热带天气和台风分析预报中的应用

8.4.1 热带天气系统

热带，一般指 30°S—30°N 之间的低纬地区。通过分析热带地区的云图特征，可直观、详细地解析天气系统的发生发展过程、各尺度系统之间的相互作用及对大气环流的影响。热带天气系统主要包括：热带气旋、副热带高压、热带对流层上部槽、热带辐合带、热带大气低频振荡（MJO）、热带云团、热带高空冷涡、东风波等。

（1）热带大气环流特征

热带大气环流与中高纬气流有很大差异，但又与中高纬气流相互作用。热带大气环流具有准周期性和阶段性，环流的经向型和纬向型、热带辐合带的强盛期和衰弱期、多台风活动期和少台风活动期、季风的活跃期和中断期等，都有一定的演变规律。

（2）副热带高压

副热带高压是全球大气环流中的重要一员，其活动不但对低纬地区有重要作用，而且对中高纬度地区天气也有重要影响。副热带高压在卫星云图上反映为大范围晴空区，晴空区的边界大致与 500 hPa 位势高度场上的 588 位势什米线相吻合。副热带高压的西部常有一些积云线呈反气旋性弯曲，并可维持 2～3 天。

利用卫星云图云系特征，可以估计副热带高压强度。强的副热带高压下沉运动强，内部为大片晴空天气。如果副热带高压内部出现反气旋弯曲的云线，则属于中等强度。如果出现弱的对流性云系或者尺度较小的涡旋云系，则副热带高压强度弱。

（3）热带对流层上部槽

按照高空槽云系分布特点，槽线北侧云量较少，有时为大片晴空区。槽线南侧或东南侧的西南气流中云系最多，多为对流云。槽线北侧为东风控制，若东风很强，可以出现横向东风带急流的卷云线。对流层上部槽的西移过程，对台风等热带系统的活动有重要影响。

（4）热带辐合带

热带辐合带在南、北半球两个副热带高压之间，是低气压气流汇合区，控制着低纬大气环流的分布。热带辐合带扰动对应一片稠密的积雨云区，云带连续长达数千千米；有时云带断裂成一个个云团，其中一些为涡旋云系，大多数西太平洋台风就是从热带辐合带云系中的云团发展起来的。

热带辐合带的位置随着季节而南北进退，强度也有不同。在西太平洋，1—3 月份，位置在南半球的新几内亚—澳大利亚北部。4 月下旬左右开始北上越过赤道，6 月以后在我国南海季风区，8、9 月份达最北的位置。从 10 月中旬以后，热带辐合带迅速南撤，12 月稳定在南半球。

（5）热带大气低频振荡（MJO）

热带大气运动存在 32～60 天准周期性振荡现象，称为大气季节内振荡。在云图中可清晰地捕捉到 MJO 的向东传播过程：由西印度洋向东，经西太平洋、西半球向非洲传播。比较活跃的 MJO 事件，常常是连续几个对流系统由西向东传播的过程。

（6）热带云团

在热带地区，直径平均为 4 个纬距的对流云区，称为云团。这些云团是由若干个中尺度对流单体（尺度为几千米至几十千米，生命期为数小时到 1 天）组成。许多热带天气系统就是在云团基础上发展起来的。热带云团的尺度差别较大，有中尺度的和小尺度的，也有天气尺度的。

（7）热带高空冷涡

热带高空冷涡是热带对流层高层常见的涡旋系统，在 200 hPa 附近达最强，有的可伸到低层，诱生出低层波动或涡旋，这种涡旋在有利的环境条件下可以发展成台风。

（8）东风波

在热带地区的东风带中，常产生自东向西移动的波形低槽，这就是东风波。东风波作为一种初生扰动，在合适环境条件下，可发展成尺度大、强度强的热带风暴。东风波在卫星云图上表现为涡旋状、倒“V”状或弯曲状云型。

夏季副热带高压南侧的东风气流中，常有东风波云系发生发展，可影响日本以及我国台湾、福建、浙江等省。我国沿海地区也可有东风波云系发生，一般西移影响长江流域中下游地区，造成大雨、暴雨。

8.4.2　热带气旋

热带气旋在卫星云图上表现为涡旋状云系，是一种比较容易识别的天气系统，红外云图、可见光云图以及水汽图都常用于监测热带气旋。FY-3 卫星上的微波探测包含水汽和云雨含量信息，能够较可见光、红外遥感更好地反映出台风螺旋雨带和强降水位置。

（1）热带气旋的典型特征

热带气旋具有比较对称的云型和暖心结构，通常表现为云线和云带围绕一个中心旋转，发展旺盛的热带气旋云系由内向外常由三部分组成：无云眼区；围绕眼区的连续密蔽的云区，即云墙；围绕中心的外围螺旋云带。通过云的形态特征，可以揭示热带气旋的发展过程，从而将其环流结构、辐合辐散机制演变、与海洋大气环境相互作用的过程揭示出来，也可以做台风中心定位。热带气旋不同发展阶段的云型特征主要有：

· 热带气旋生成初期：切变型（图 8.18），其中心附近深厚的对流没有完全建立起来，在中心一侧的高、低空气流环绕方向不一致，造成气流在垂直方向上的切变。

· 热带气旋发展阶段：弯曲云带型（图 8.19），为一条或一条以上逗点状对流云和高层碎云组成的云带，环流中心在弯曲云带之外的内凹边界处；中心密蔽云区型（图 8.20），气旋环流中心被发展的强对流云体完全覆盖。

图 8.18　热带气旋初生阶段云型——切变型

· 热带气旋成熟阶段：带状眼型

（图 8.21），这时热带气旋已达到台风阶段；不规则眼型（图 8.22），眼的形状、大小反映了热带气旋的强度；光滑眼型（图 8.23），显示一个有光滑小眼的超强台风。

· 热带气旋减弱阶段：眼区填塞（图 8.24），台风眼区出现填塞，眼形态不规则扩大，这是热带气旋强度减弱的重要标志；中心冷云覆盖（图 8.25），螺旋云带减弱，中心被圆形冷云团覆盖，并逐渐扩大；对流云主体偏离低层中心（图 8.26），部分云型表现出风切变的破坏性影响，受高空风作用，高层对流云体偏离到低层环流中心的一侧。

图8.19　热带气旋发展阶段云型——弯曲云带型

图8.20　热带气旋发展阶段云型——中心密蔽云区型

图8.21　热带气旋成熟阶段云型——带状眼型

图8.22　热带气旋成熟阶段云型——不规则眼型

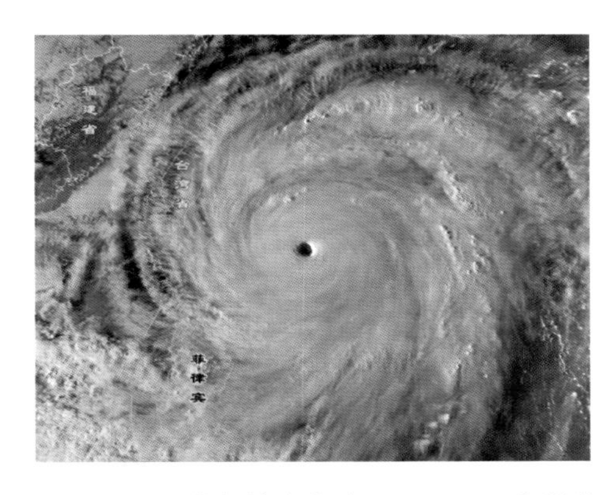

图 8.23　热带气旋成熟阶段云型——光滑眼型

图 8.24　热带气旋减弱阶段云型——眼区填塞

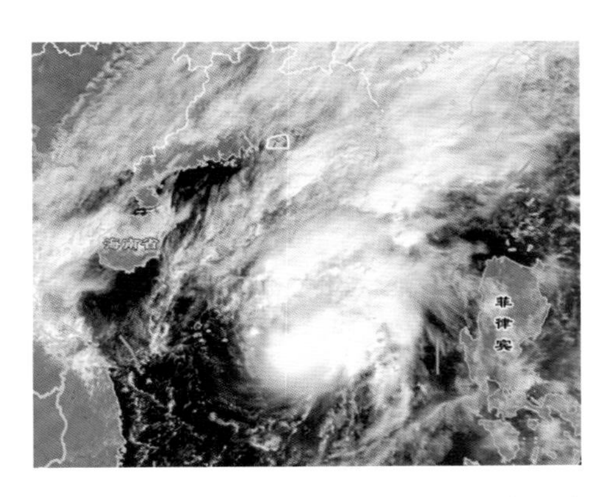

图 8.25　热带气旋减弱阶段云型——中心冷云覆盖

图 8.26　热带气旋减弱阶段云型——对流云主体偏离低层中心

（2）热带气旋移动路径的预报

热带气旋有向低层对流辐合旺盛区域运动的趋势，OLR 能敏感地反映这种对流辐合的强度，指示台风未来的移动。水汽图揭示的干湿区演变特征，对于热带气旋的运动有一定的超前时效，因此也能用于分析预报热带气旋的移动路径。

· 热带气旋由西北路径向北转折：在卫星水汽图像上，如果热带气旋西侧的云和水汽出现消散（变暗），包围气旋的湿气团向北发展，那么气旋将减慢移速并开始北移。

· 热带气旋由西北路径向西转折：在卫星水汽图像上，如果气旋北侧的水汽出现消散，包围气旋的湿气团向西发展，那么气旋将开始西移。

· 热带气旋由西北路径登陆：经由西北路径登陆中国沿海的热带气旋以7—9月最多，主要在15°—25°N，一些造成重大灾害的登陆热带气旋多来自西北路径。热带气旋西北路径登陆中国内陆的水汽图像特征是：热带气旋东侧暗区西伸发展，存在弯曲湿边界，但未发生转向。

8.4.3 中低纬度云系相互作用

中纬度西风带和热带辐合带环流系统之间相互作用有以下几个方面：

（1）适当强度冷空气对台风的维持和加强作用

北方冷空气南下与台风外围环流相结合，有利于对流运动的发展。当热带云系与冷锋云系相接时，冷空气被卷入热带扰动中，有利于热带扰动发展起来，也可促使中尺度有组织的对流云系发展成台风。

（2）孟加拉湾风暴和南支西风槽的结合

孟加拉湾洋面上的热带风暴云团与副热带急流相联结，提供了大量的水汽和热量，并向风暴区辐合上升，然后通过高空槽前强西南风—副热带急流往东北方向输送，从而使孟加拉湾风暴的北部有急流云带向东北射出，越过横断山脉和云贵高原，影响云贵高原和青藏高原。

（3）热带云涌

热带云涌现象，即大范围的热带云团突然往中纬度涌进的过程，卫星云图上可以看到从热带辐合带有一条云系有规律地向北伸展到中纬度。当中纬度对流层上部高空槽加深，伸展到离赤道10～20个纬度范围内时，在高空槽前会有大范围热带云系向北涌进，若北方恰好有冷空气南下，则往往造成很坏的天气。

（4）热带气旋对中纬度环流系统的影响

热带气旋在向中高纬度移动的过程中，携带了大量的热带扰动能量和暖湿气流进入中纬度地区，与那里的冷空气结合，可触发中纬度地区的暴雨。此外，在中国近海活跃的热带气旋则往往会吸收从孟加拉湾输送的水汽，截断季风对梅雨锋区的水汽输送，使梅雨减弱，甚至中断和结束。

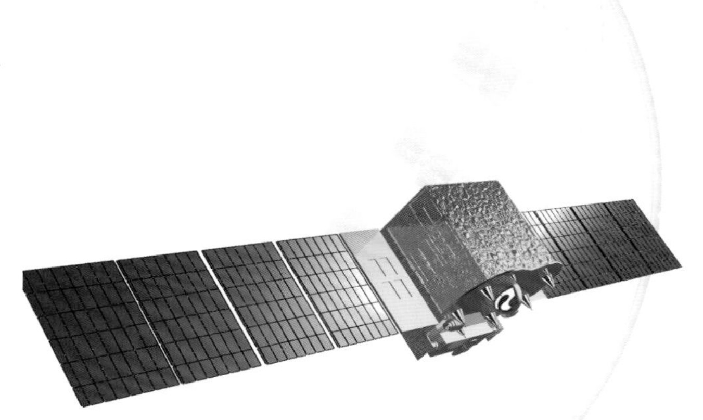

第 9 章　气象卫星资料在数值预报中的应用

9.1 气象卫星资料在数值预报中的作用

近半个多世纪以来，气象卫星与数值天气预报是气象领域最引人瞩目的两项科技成就。气象卫星使数值预报从多年来缺乏观测资料的困境中摆脱出来，是近 20 年中数值预报质量持续提高的最重要的原因之一。气象卫星资料在数值预报中的作用主要表现在以下几个方面。

（1）提供数值预报的初始场问题：初始场的正确性对数值预报有决定性的影响。长期以来，数值预报的资料来源主要是常规的探空与地面观测资料，广大地区资料稀缺，成为制约数值预报质量提高的一大困难，卫星遥感提供的全球、高时空分辨率数据，对数值预报的改进产生了深远的影响。

（2）可获取数值预报所需要的气象常规观测以外的信息：卫星观测提供了有关海洋、陆面、冰雪等下垫面以及大气成分等信息。实时、高分辨率的下垫面数据为数值预报方程的求解提供了真实的边界强迫信息，有助于提高短期数值天气预报水平。大气成分信息的实时提供，也使开展日益受到重视的空气质量数值预报成为可能。

（3）为全面检验数值预报产品提供了新的视角：卫星观测不但弥补了无人地区常规观测的不足，还可得到云的分布、云状、云高等信息，以用来检验模式对云及降水的预报正确性，有助于从不同角度对模式性能进行诊断与分析，从而发现问题并寻求改进的途径。

9.2 气象卫星资料在数值预报中应用的历史过程

在20世纪六七十年代，人们已经获取了气象卫星观测资料，但相当长的时期内，卫星观测对数值预报并没有产生多大的影响。首先，这是因为数值预报模式需要的是风速、风向、温度、湿度、气压等变量，卫星直接观测到的并不是这些变量，而是一定波长的电磁辐射。当时的初值处理系统只能进行常规观测资料的客观分析，不能直接使用卫星观测资料，因此，只有采取将卫星资料进行“先反演、再分析”的间接同化方法。其次，极轨气象卫星观测不能像常规观测那样各地同时进行。鉴于资料本身的问题与方法的缺陷，卫星资料的应用效果一直不好。

20世纪90年代，在变分资料同化的框架内，卫星资料的直接同化得到突破，卫星导风的使用技术也有明显改进，卫星资料在数值预报中的应用进入一个新的时期，尤其对南半球的预报产生了明显的影响。

进入21世纪，一方面，直接同化技术进一步发展，另一方面，新的观测仪器也不断上天运行，如高光谱大气探测仪等，观测信息变得更多、更精确。目前，先进国家的数值预报系统所使用的卫星观测数据量已经达到资料总量的95%以上，卫星观测的贡献也超过了常规探空与地面气象观测。欧洲中期数值预报中心的试验表明，如果不用卫星资料，南半球的可信预报时效会减短2天以上，北半球会减短近1天。

9.3 资料同化的基本问题以及同化策略

资料同化尽管可以采用很多方法，但它们的基本过程是相似的。由于观测提供的信息不足且带有误差，一般需要引入大气状态的背景信息，即“背景场”，通过背景场与观测信息的对比来对背景场进行修正，使其更接近大气真实状态。为了进行比较，必须将观测信息与背景场转换成同时、同地，物理属性一致的量。

鉴于卫星观测资料的特点，可以将大气变量正演转换成星载仪器所获得的特定波长的辐射量，也可以将卫星观测到的辐射量反演成大气的特征量。这就形成了卫星资料同化的两种不同的策略，前者称为直接同化，后者称为间接同化。早期，间接同化是唯一途径，变分同化系统的发展使复杂观测算子的引入成为可能，直接同化成为主流。

9.4 卫星资料的同化

9.4.1 卫星资料同化的基本理论

资料的变分同化基本上是一个度量背景场与观测资料距离的目标函数的极小化问题。由于在目标函数中引入了从分析变量空间到观测空间的转换算子，即使用正演方法，而非反演方法，放松了对观测资料类型的限制，为大量与分析变量存在复杂关系的非常规观测资料的直接同化创造了条件。变分同化还将预报模式引入同化过程，从而使同化的结果与预报模式有更好的协调性，并为多时刻观测资料的使用提供了有效途径。

9.4.2 数值预报所用的卫星资料

目前数值预报系统同化的气象卫星资料主要有5类：大气垂直探测资料、卫星云导风和水汽导风、散射计测得的海面风场、各类仪器测得的云与降水的信息、GPS信号的掩星观测资料。除此之外，卫星对大气成分、地表、海表的观测资料也在数值预报中有重要应用。

（1）大气探测资料

卫星大气探测遥感器用于探测大气温度、湿度廓线，数值预报最常用的是红外分光计、微波温度计与微波湿度计的观测资料。间接同化的观测量是反演后的大气温度、湿度廓线；变分同化方法使非线性观测算子可以直接引入同化系统中，问题集中到观测算子的建立与优化上。这里当然涉及一个重要的问题，即数值预报模式本身描写观测参量的能力，因此，模式的性能同样很重要。

卫星大气探测器的一个发展方向是高光谱分辨率探测器的应用。此外，微波成像仪能够获得大气湿度和下垫面信息，也可改进同化应用的效果，特别是中尺度预报的精度。

（2）卫星导风

卫星导风包括云导风和水汽导风，主要从静止卫星高频次观测得到，但现在这类技术也应用到极轨卫星在南、北极区的观测中。尽管卫星导风只能给出单个高度上的风，但其空间覆盖的优势是任何其他风的观测资料所不能比拟的，特别是在广大的热带洋面上。由于极地环流对数值预报极为重要，极轨卫星所获取的极区资料就成为获取该地区风场信息的唯一来源。

近十几年来，卫星导风的精度不断提高，但风的高度误差仍比较大。一般情况是将云顶的高度作为风的高度，云的高度误差使云导风的高度有很大的不确定性，这是目前卫星导风资料同化所遇到的最大挑战。随着卫星图像的时空分辨率大幅度提高，人们希望能够导出中尺度的风场特征。

（3）微波散射计

微波散射计是主动式微波遥感器。洋面粗糙度随风而变化，粗糙度的改变影响散射计探测到的后向散射能量的大小，经过反演就可测量洋面风场。散射计测风精度约为 2 m/s（风速）和 20°（风向），已达到业务应用水平。

（4）云与降水

微波可透过云层，是目前探测云雨大气唯一可行的探测手段。通过微波快速计算模块，在 19 GHz、22 GHz、50 GHz、183 GHz 等频点的卫星观测资料都可以应用于资料同化系统中。

直接同化卫星微波辐射资料有很多优势，也面临着许多的挑战。首先，微波辐射传输模式对云雨大气的描述还存在一些缺陷。其次，云与降水通常发生在中小尺度天气过程中，数值模式场 25～60 km 的格点分辨率和微波探测的空间分辨率都较低，因此，对云雨大气的模拟精度达不到在晴空大气时的精度。除此之外，目前的同化系统可以较好地处理大气物理中的线性问题，但是，对于云与降水物理过程中存在的非线性问题还没有找到很好的解决方案。

（5）GPS 观测资料

接收全球定位系统 GPS 信号，可以检测出大气温度、湿度的信息。根据接收机的位置可以分为地基与天基掩星观测。在进行掩星资料同化之前，将弯曲角转换为射线切点上的折射率，与同化温度、湿度廓线方案相比，同化折射率资料显然不存在温度、湿度廓线反演时的模糊性。折射率资料同化对于重构水汽垂直廓线、改进温度场都是非常有效的。

9.4.3 卫星资料同化中的质量控制

首先要剔除卫星资料中可能出现的异常值。在每条扫描线的边缘，大气辐射经过的路径比星下点要长，考虑到这种临边效应，一般也要把轨道边沿的扫描点去掉。对于大气红外探测，为避免云污染，云检测是必须的环节。对于微波波段，通过降水云检测，把可能造成较大误差的观测数据剔除。在下垫面比较复杂的地区，如海岸线、冰面、雪面等，地表发射率、地表温度都难于确定，一般不使用这些地区的观测数据。由于地表的一些物理参数不够准确，会导致辐射模式计算不够准确，所以一般主要选择对大气中高层比较敏感的通道。

观测点之间间距较小的卫星资料之间存在一定的相关性，为了降低这种相关性，实际业务中，需要把数据进行稀疏化。变分同化理论要求模式和观测误差是无偏的，且满足高斯分布，但是，观测辐射值与根据背景场廓线模拟计算的辐射值之间具有系统偏差，因此，必须进行偏差订正。

9.4.4 我国业务数值预报中的卫星资料同化与应用

我国对卫星资料的同化工作起步较晚，20 世纪 90 年代后期，开始试验卫星云导风与反演的大气温度、湿度廓线的同化，当时数值预报的同化系统还是采用“最优插值”的客观分析方法，不能进行卫星资料的直接同化，因此卫星资料的同化效果不好，也没有进入实时的数值预报业务。

进入 21 世纪后，卫星资料同化受到空前重视。2003 年，在我国新一代数值预报系统 GRAPES 的三维变分同化框架内，实现了对 NOAA 卫星 ATOVS 资料的直接同化。2008 年我国 FY-3 卫星发射后，在短时间内完成了 FY-3 的微波温度与湿度探测器的资料同化试验。2011 年，完成了 FY-3A/B 红外分光计、微波温度计和微波湿度计的资料处理 / 质量控制软件，生成了用于数值预报模式同化的产品。通过对质量控制、偏差订正、稀疏化、观测误差协方差估计等关键技术的开发和应用，国家数值预报中心建立了可以直接同化 FY-3 卫星资料的全球三维变分同化 / 数值预报模式系统。对于美国、欧洲高光谱分辨率大气探测器 AIRS 和 IASI 资料，通过关键技术研究，在 2012 年实现了资料处理软件开发，生成产品，进行了直接同化预报试验，预报技巧得到改善。

近几年，结合卫星导风资料同化，对 FY-2 卫星导风产品，在云高的确定、质量控制等多方面有了新的改进，提高了在数值预报中的使用率。

对于 GPS 掩星资料，解决了质量控制，开发了空基 GPS 折射率的观测算子，进行了 GPS 掩星折射率资料的同化。试验表明，GPS 掩星资料同化后，显著改善了全球分析效果，尤其是对南半球。

对于云水、云冰等参数，完成了一维变分反演系统的大气温度、湿度廓线与云参数同步反演试验，利用 NOAA 卫星 AMSU-A/B 资料的检验表明，反演大气和云参数分布合理。

目前在国家气象中心试验运行的我国新一代全球预报系统 GRAPES-GFS，应用 FY-2/3 和 NOAA 卫星资料。卫星资料的同化带来了中期数值预报的明显改进，特别是常规资料稀缺的南半球地区。这些卫星资料的同化使可信预报时效延长了 2 天左右，北半球中期预报的时效也有明显提高。

卫星资料的同化效果取决于数值预报系统的整体性能，我国目前的四维变分同化还没有实现业务化，卫星资料的使用率仍然偏低，因此，需要优化卫星资料同化系统。同化系统与模式本身的发展是以各方面研究为基础的，要加强各方面新的理论与方法的研究。

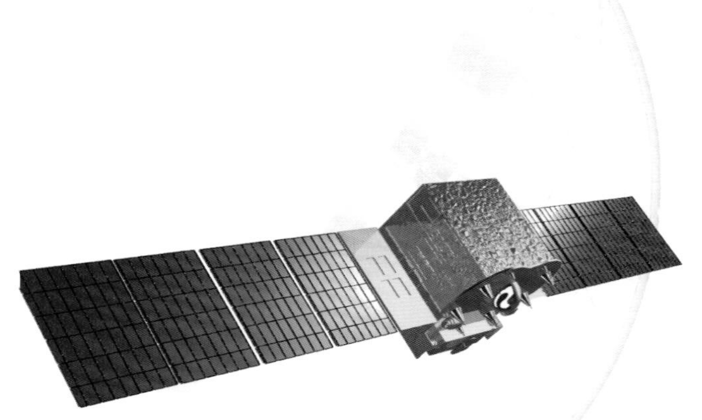

第 10 章　卫星资料在气候预测中的应用

10.1 长序列卫星遥感气候数据集的建立

10.1.1　长序列卫星遥感数据再处理

气候预测需要长时间序列的数据。我国对气象卫星应用，实现业务化运行已有 30 年历史，这期间积累了大量的卫星对地遥感资料。为了将这些资料用于气候研究，必须对其进行标准化再处理和产品生成。由于这些资料由不同卫星的传感器获取，所以首先要对各个传感器做归一化辐射定标，然后进行投影变换、几何精纠正、数据合成和滤波等处理，最后建立气候产品数据集。现在，美国以及欧洲的一些国家，每过一段时间，都要对数据重新处理一遍，以提高数据质量。

10.1.2　长序列卫星遥感产品数据集

一部分可以应用的长序列卫星遥感产品数据集如下。

（1）国家卫星气象中心的历史气候产品：目前，通过对存档的卫星遥感历史资料进行定标和定位精纠正处理，生成了 1989—2008 年静止气象卫星和中国及周边地域极轨气象卫星数据集，包括 7 个长时间序列的气候数据集，分别是中国区域射出长波辐射（OLR）数据集、中国区域旬积雪分布数据集、中国区域旬积雪覆盖率数据集、中国区域植被指数（NDVI）分布数据集、中国区域地表温度数据集、中国区域的总云量数据集和辐射亮温（TBB）数据集。还制作了1990—2008年的台风专题云图产品。

（2）国际卫星云气候计划（ISCCP）云参数产品：ISCCP是世界气候研究计划（WCRP）的第一个子计划，始于1982年，目前仍在执行中。ISCCP数据集包含云参数产品DX数据集、云参数产品D1数据集、云参数产品D2数据集，是目前国内外内容最丰富、连续性最好、时间序列最长的卫星导出数据之一，是开展全球云气候研究最看好的数据集。

（3）美国气候预测中心（NOAA/CPC）全球季风的监测和预测产品：包括卫星资料反演的降水、风场、水汽、海表温度和射出长波辐射（OLR）等。

（4）NOAA卫星长序列大气温度观测资料：1978年至今的NOAA卫星微波探测仪的大气观测资料。

（5）NASA陆面长时间资料数据集：从先进的甚高分辨率辐射计（AVHRR）和中分辨率成像光谱仪（MODIS）探测资料生成的产品包括地表反射率、归一化植被指数（NDVI）、过火面积、地表温度、反照率、双向反射率分布函数、叶面积指数、光合有效辐射植被吸收比、3.75 μm通道的地表反射率等。

（6）中国科学院寒区旱区环境与工程研究所长序列卫星遥感积雪产品：包括北半球周雪盖数据、日冰/雪盖数据，全球SSM/I冰密集度和雪盖范围数据，全球MODIS雪盖数据，全球AMSR-E积雪数据，中国区域SMMR、SSM/I日雪深和雪水当量数据。

10.2 卫星资料在气候监测和预测中的应用

气候和环境变化是气候系统五大圈层（大气圈、水圈、岩石圈、冰雪圈、生物圈）相互作用的结果。气候监测是对五大圈层的监测，卫星资料的全球覆盖、高时空分辨率等特点在对各大圈层的监测方面具有独特的优势。

10.2.1 海洋表面温度在气候监测分析中的应用

海洋表面温度（后简称海面温度）（SST）（图10.1）是衡量气候变率的重要指标。厄尔尼诺和拉尼娜现象是一种造成全球大范围气候变化的事件，对它

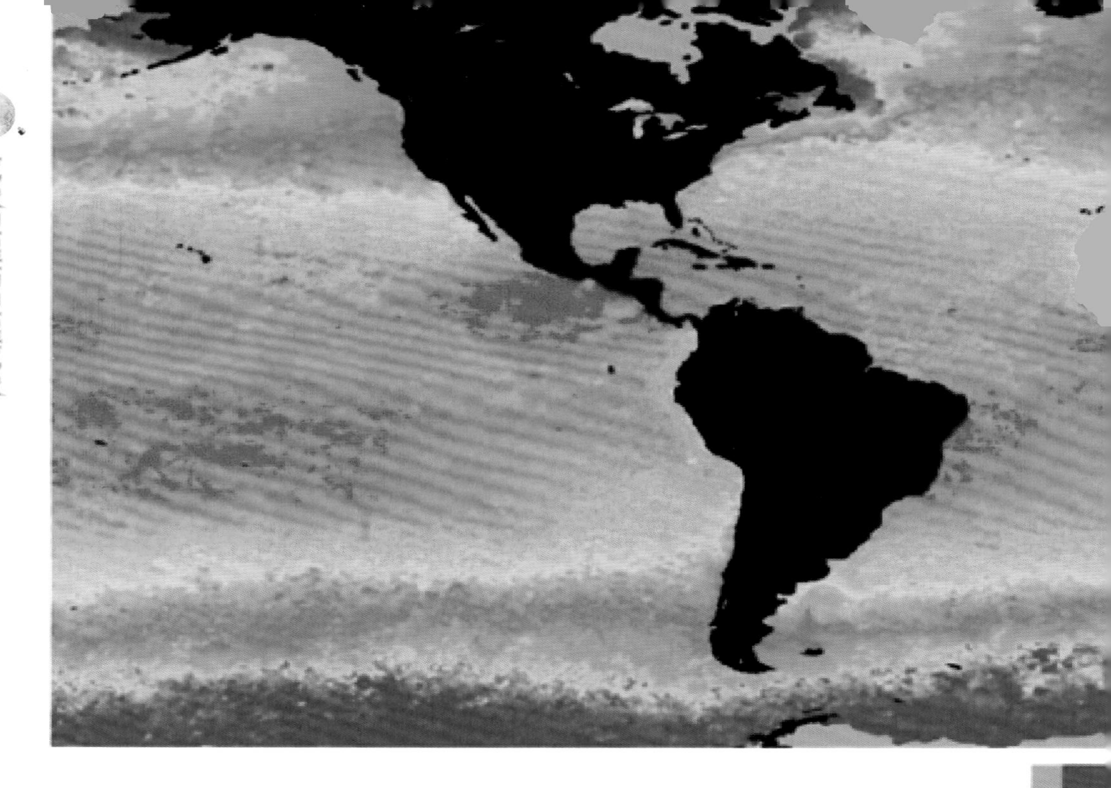

图 10.1　FY-1C 卫星 2000 年 4 月上中旬全球海洋表面温度图

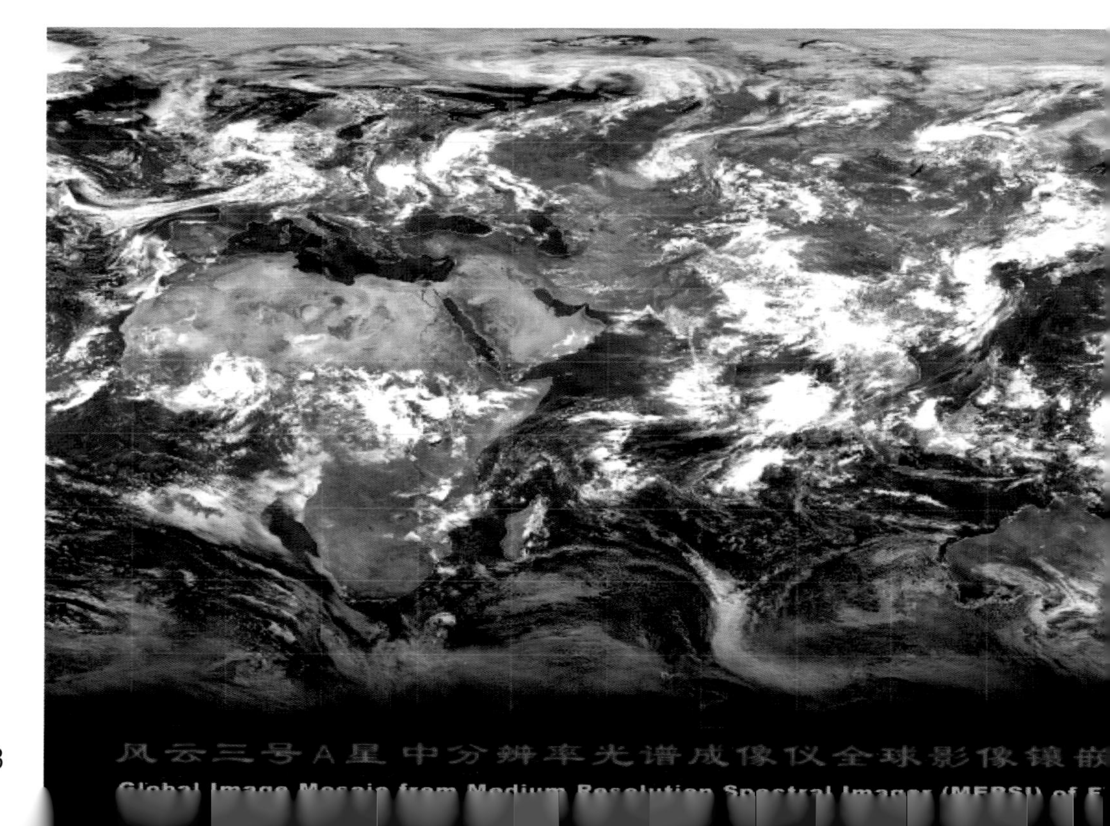

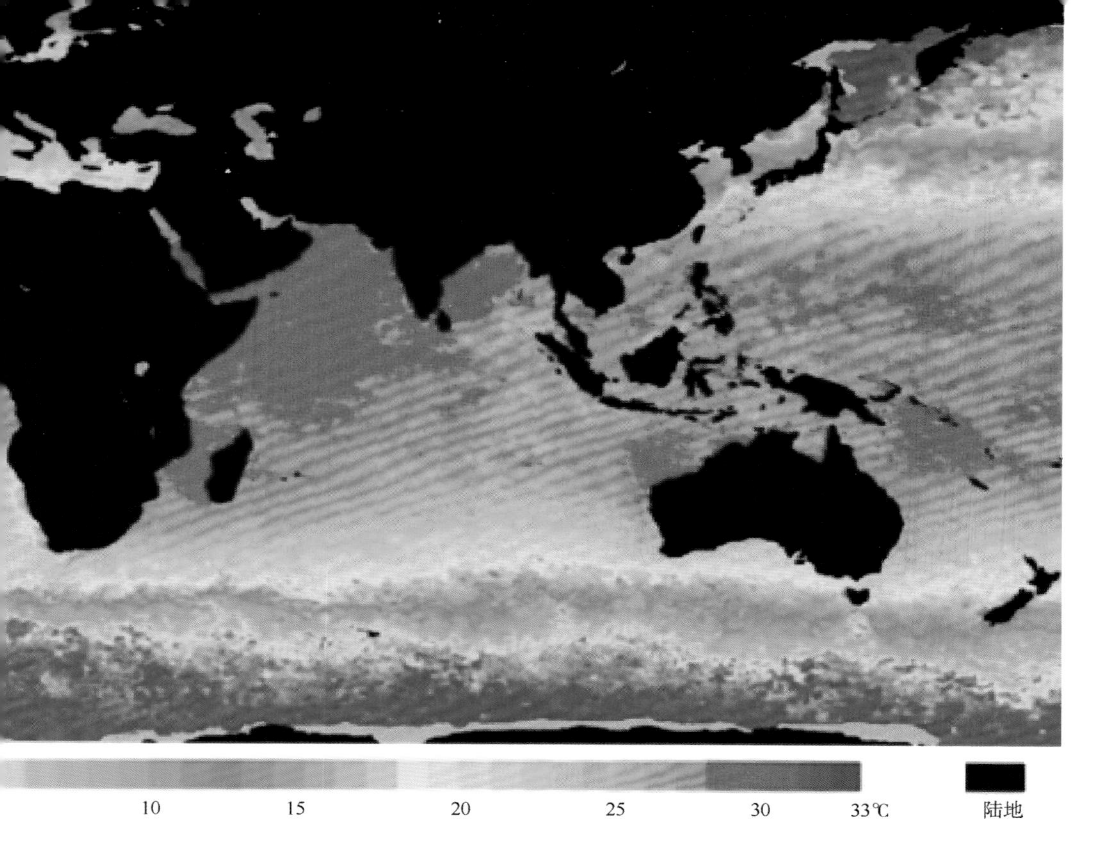

图 10.2　FY-3A 卫星 2008 年 7 月 19 日全球云图

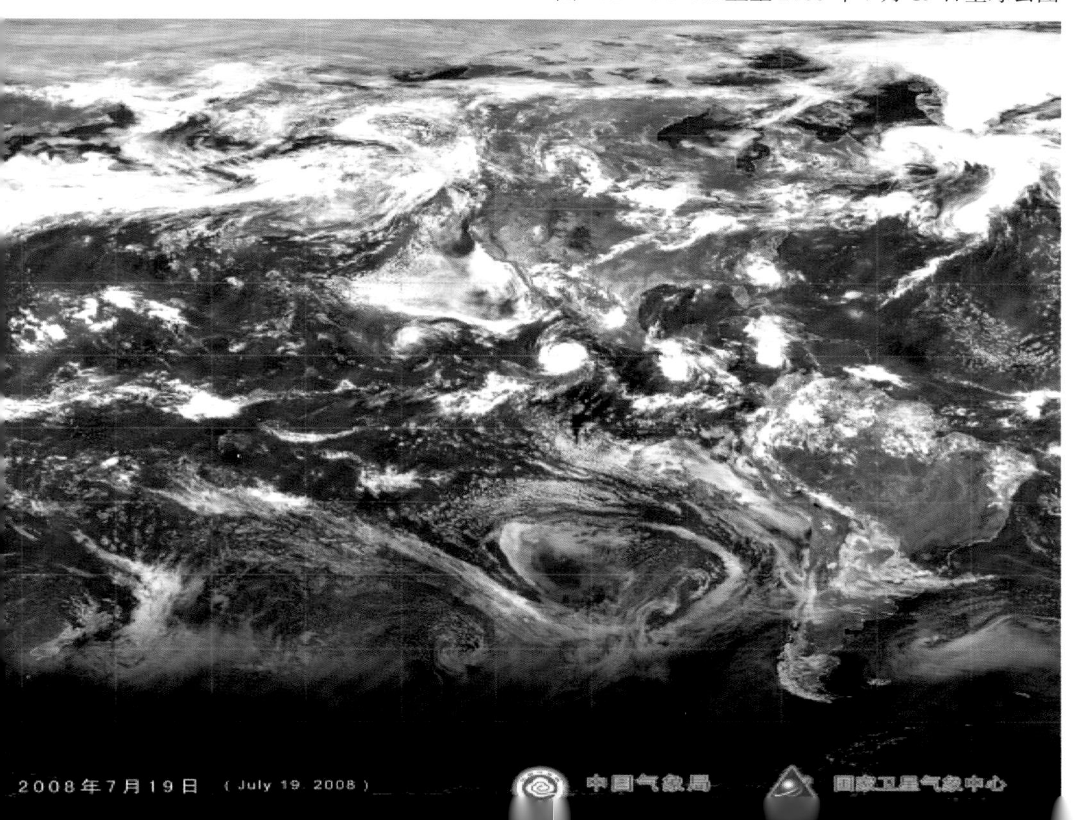

们的监测和诊断通常采用海温距平，即某一时段（如一个月）海面温度平均值与同期 30 年（如 1961—1990 年）平均值之差，当赤道太平洋中部和东部大范围出现海温距平超过 0.5℃时，就认为达到了厄尔尼诺的异常条件，低于 −0.5℃时，就达到了拉尼娜的异常条件。在 1982/1983 年和 1997/1998 年最强的厄尔尼诺期间，赤道东太平洋的海温距平均超过了 4℃。

对厄尔尼诺进行诊断及研究时，还常常会用到一些其他相关区域的海温指数。按照海面温度 28℃包围的面积及其格点温度累计值，制作热带西太平洋（120°—180°E，30°N—30°S）和印度洋（41°—98°E，30°N—30°S）暖池面积和强度指数，在厄尔尼诺的监测诊断中有一定的作用。

由于厄尔尼诺和拉尼娜的发生，常常持续半年到一年半的时间，影响到副热带高压位置和我国夏季雨带，成为影响中国汛期降水的重要因子之一。厄尔尼诺发生的夏季，南方降水偏多、北方降水偏少；拉尼娜年则大致相反。利用 1997/1998 年强厄尔尼诺发生的强信号，结合青藏高原积雪异常等因子，我国较好地预测了 1998 年夏季长江流域特大洪涝灾害。

10.2.2 云参数在气候变化分析中的应用

云的形成、演变及其在全球的分布，是动力、热力和微物理过程相互作用的共同结果。云直接影响着地气系统的辐射平衡、热量平衡和温湿分布，参与多种正负反馈过程。云的任何变化，都可能对全球气候造成很大影响，而气候变化反过来又将引起云特性的调整。因此，云与气候的关系很复杂，将卫星云资料用于气候诊断分析也因此得到了前所未有的重视。

全球云量的时空分布特征表明，云量随纬度和海陆的变化有较大差异。由赤道向两极，云量的分布有三个峰值带，分别位于赤道、60°S、60°N 附近（见图 10.2）。总体看来，1984—1987 年，全球平均总云量增加约 2%；1987 年以后，云量一直呈减少的趋势，到 2000 年，减少量约占平均总云量的 4%。云量减少主要集中在中低纬度的热带和副热带地区，而高纬度地区云量变化较小或略有增加。

中国区域总云量表现为南方多于北方，东部多于西部，春、夏季多于秋、冬季，这种分布是我国水汽条件和影响我国的季风造成的。

10.2.3 辐射收支在气候变化分析中的应用

全球年平均辐射能量收支平衡，大气顶入射的太阳辐射通量约为 342 W/m^2，射出长波辐射通量约为 235 W/m^2，反射的短波辐射通量约为 107 W/m^2。地球辐射收支状况与气候变化紧密联系，它是引起气候变化的重要强迫因子。图 10.3 为 FY-1C 卫星全球射出长波辐射图，图 10.4 为 2010 年 2 月 FY-3A ERM/SIM 大气顶反射的短波辐射通量、大气顶射出的长波辐射通量（白天）、云量（白天）月平均产品。

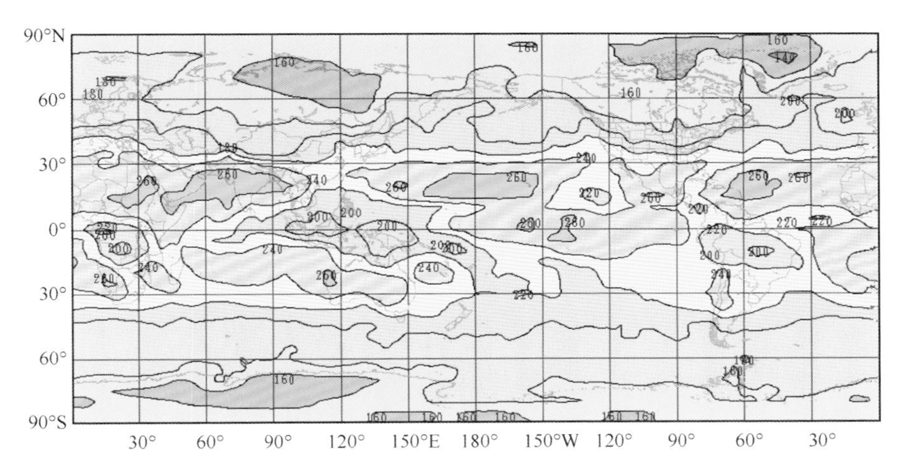

图 10.3 FY-1C 卫星全球射出长波辐射图

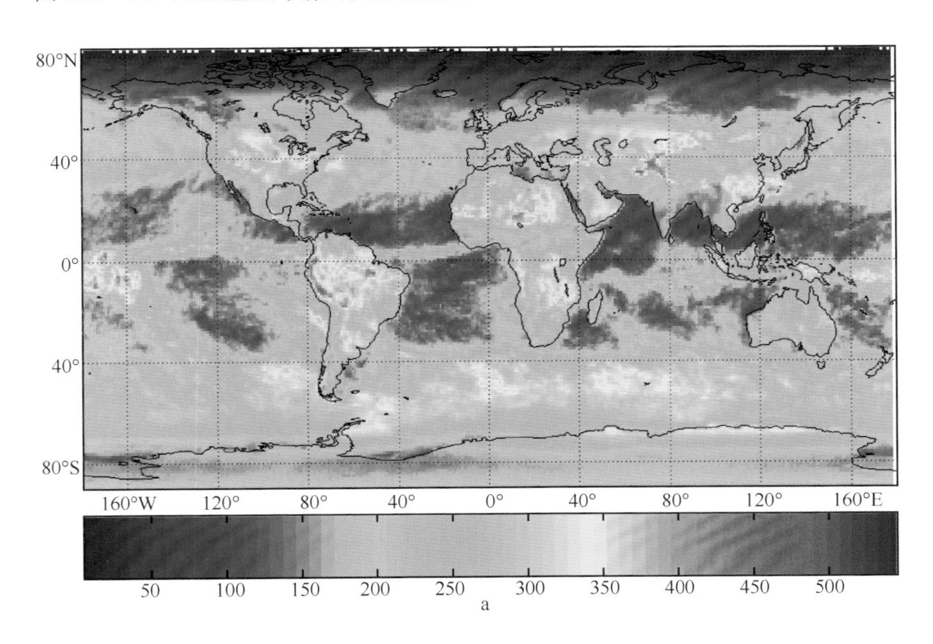

a

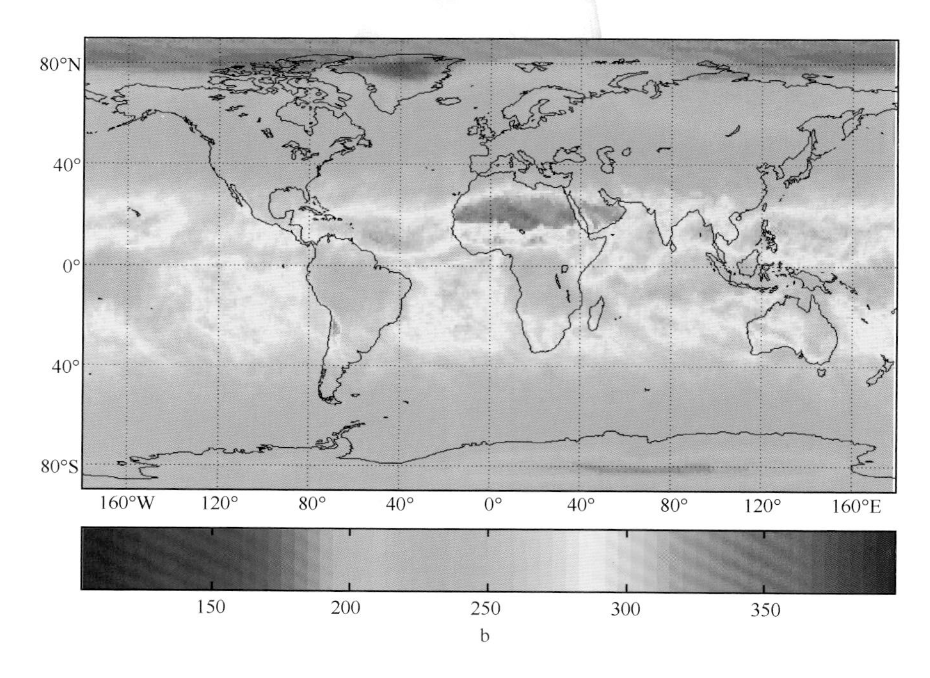

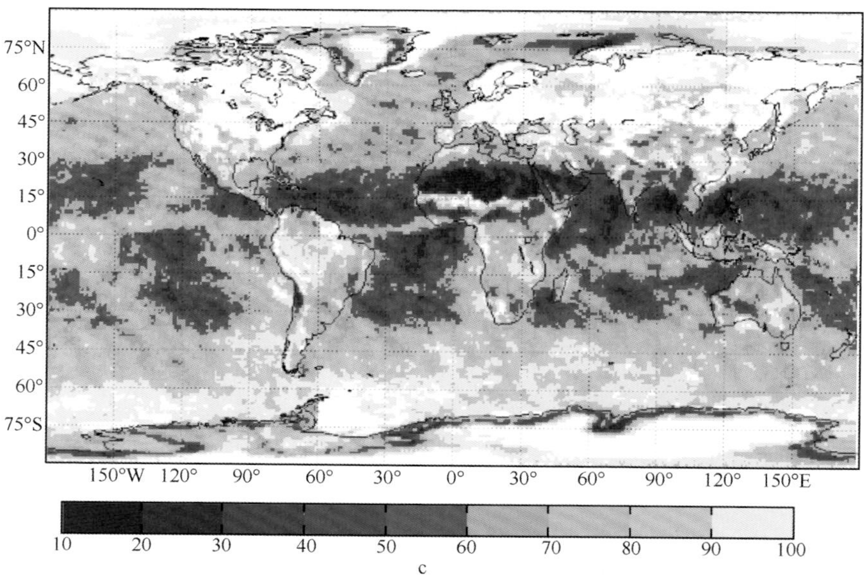

图 10.4　FY-3A ERM/SIM 月平均产品（2010 年 2 月）：a. 大气顶反射的短波辐射通量；b. 大气顶射出的长波辐射通量（白天）；c. 云量（白天）

云在地-气系统能量辐射收支平衡中起着重要的作用。一方面，云通过反射大部分太阳辐射，起到冷却作用；另一方面，云吸收较暖地面和低层大气的长波辐射，减少了地-气系统对太空的长波辐射，起到增暖作用。目前，尚不清楚云的上述两方面作用随时间、地理位置、云型和云结构的变化规律以及云是如何调节区域辐射加热的，而这种加热往往驱动了全球大气、海洋的循环运动。云辐射的作用是目前气候不确定性的来源之一。研究云辐射作用使全球变暖还是变冷，就是研究云使地-气系统净辐射收支增加还是减小，这有助于我们更好地理解气候要素之间的相互影响机制，预测未来的气候变化。

10.2.4 冰雪在气候监测分析中的应用

积雪具有高反射率和高绝热性能，会导致雪面和低层大气的强烈冷却作用，从而影响积雪地区的气候环境，并对大气环流产生热力强迫作用。雪盖分为永久性积雪和季节性积雪。大陆雪盖以季节性积雪为主，积雪面积、深度及持续时间都有明显的季节变化和年际变化。

从全球来看，积雪对气候的影响，主要集中在北极积雪、欧亚大陆积雪、青藏高原积雪上。气候学家推断，全球变暖必将导致积雪减少，但近年来遥感监测发现，不同地区积雪变化的趋势存在显著的差异，而全球积雪普遍持续减少的趋势并不存在。积雪对全球变暖的响应仍然是一个正在争议的问题。

中国有青藏高原、新疆、东北及内蒙古东部三大主要积雪区。这三大积雪区的积雪面积相似，都大约为 100 km×100 km。青藏高原和新疆的永久性积雪比例较大，内蒙古东部及东北积雪区则完全属于季节性积雪区。我国积雪储量并没有明显的减少或增加趋势，但存在年际波动。图 10.5 是 2004 年 2 月 6 日气象卫星获取的全国积雪覆盖图。

百余年来，青藏高原积雪反照率辐射效应和融雪水文效应对亚洲季风和东亚、南亚旱涝灾害的影响，一直为中外气候学家所关注，成为当今地球科学的前沿研究领域。其他研究则包括中国北方冬季积雪对春季沙尘暴的影响，西北地区水资源评估，农牧区雪灾预警和灾后长期影响评价等。

海冰在气候变化中同样具有重要作用，特别关注的是南、北极海冰的变化，现在主要应用极轨气象卫星的监测进行研究。图 10.6 是 FY-1C 卫星获取

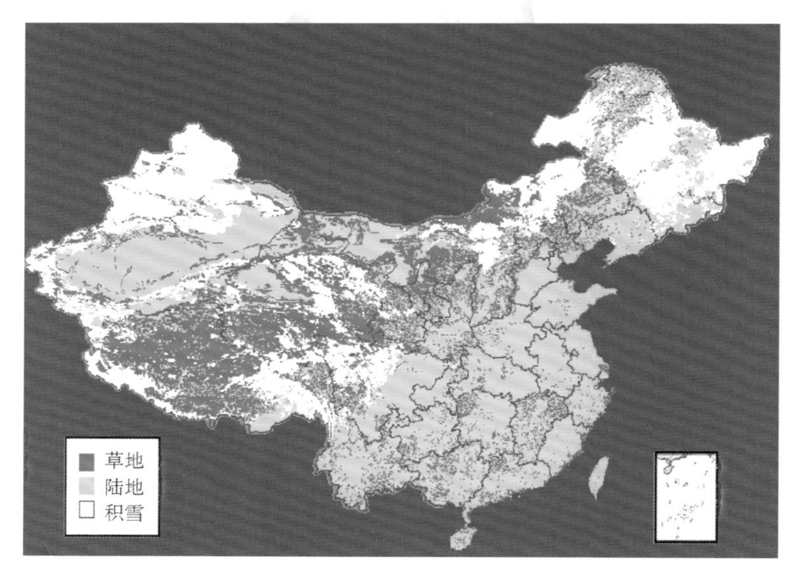

图 10.5　气象卫星 2004 年 2 月 6 日全国积雪覆盖图

图 10.6　FY-1C 卫星获取的 2002 年 2 月 3 日南极图像

的南极图像，图 10.7 是 FY-3A 卫星获取的 250 m 分辨率 2008 年 7 月 16 日至 8 月 17 日格陵兰岛东北部海冰融化过程图像。

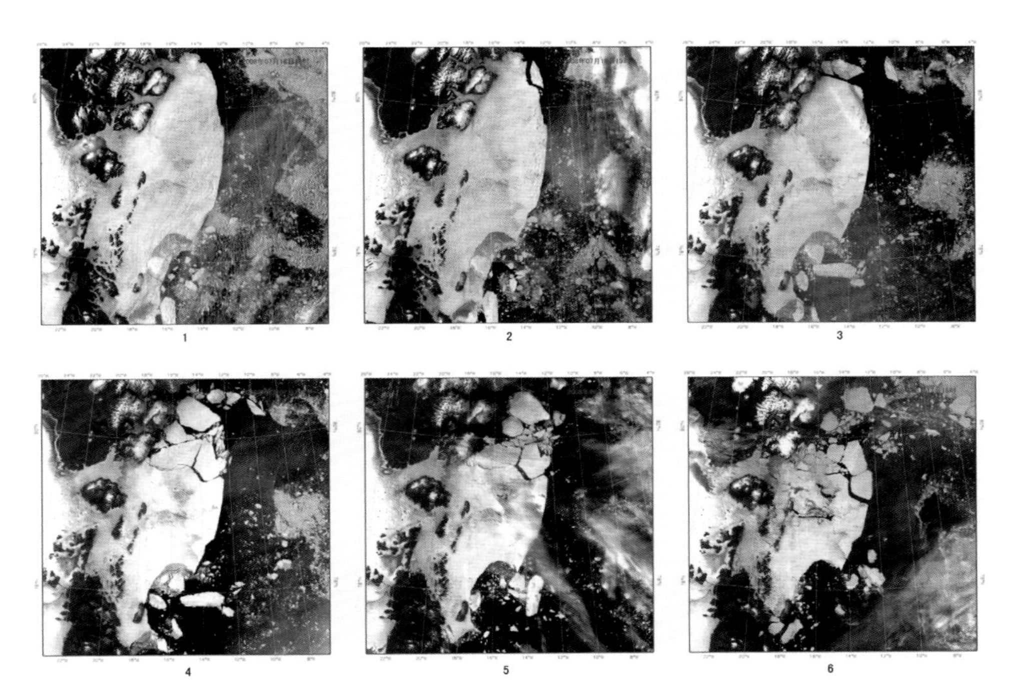

图 10.7　FY-3A 卫星 2008 年 7 月 16 日至 8 月 17 日格陵兰岛东北部海冰融化过程图像

10.2.5　卫星监测中国内陆湖体面积对气候变化的响应

近几十年来，干旱和半干旱地区的内陆湖泊发生了巨大的变化，有的出现了面积萎缩和水位下降，有的消失，有的稳定，有的增大。博斯腾湖是我国最大的内陆淡水湖，青海湖是我国最大的内陆咸水湖，鄂陵湖、扎陵湖、纳木错湖处于青藏高原，这些湖泊处于自然状态，受人类活动影响较小，能够较真实地反映气候变化状况。1988—2005 年的遥感监测数据表明，青海湖面积在 1988—1991 年增加，1991—2004 年不断下降。通过气象资料对比发现，青海湖地区降水减少、气温升高、蒸发量增加是构成青海湖面积缩小的主要原因。而 1990—1998 年，博斯腾湖面积增加很快，究其原因是博斯腾湖地区降水增加，气温上升，又引起上游冰雪融水增加。受气候变暖的影响，1988 年以来，鄂陵湖、扎陵湖、纳木错湖的面积在逐年减小。

气象卫星长时间序列水体监测信息反映了因气候变化引起的重要湖泊水体范围的变化，图 10.8 为气象卫星 2003 年至 2010 年逐年 8 月洞庭湖水体监测图。分析发现，由于 2006 年夏季长江中上游持续干旱，降水显著偏少，洞庭湖水体范围显著小于邻近年份同期水平。

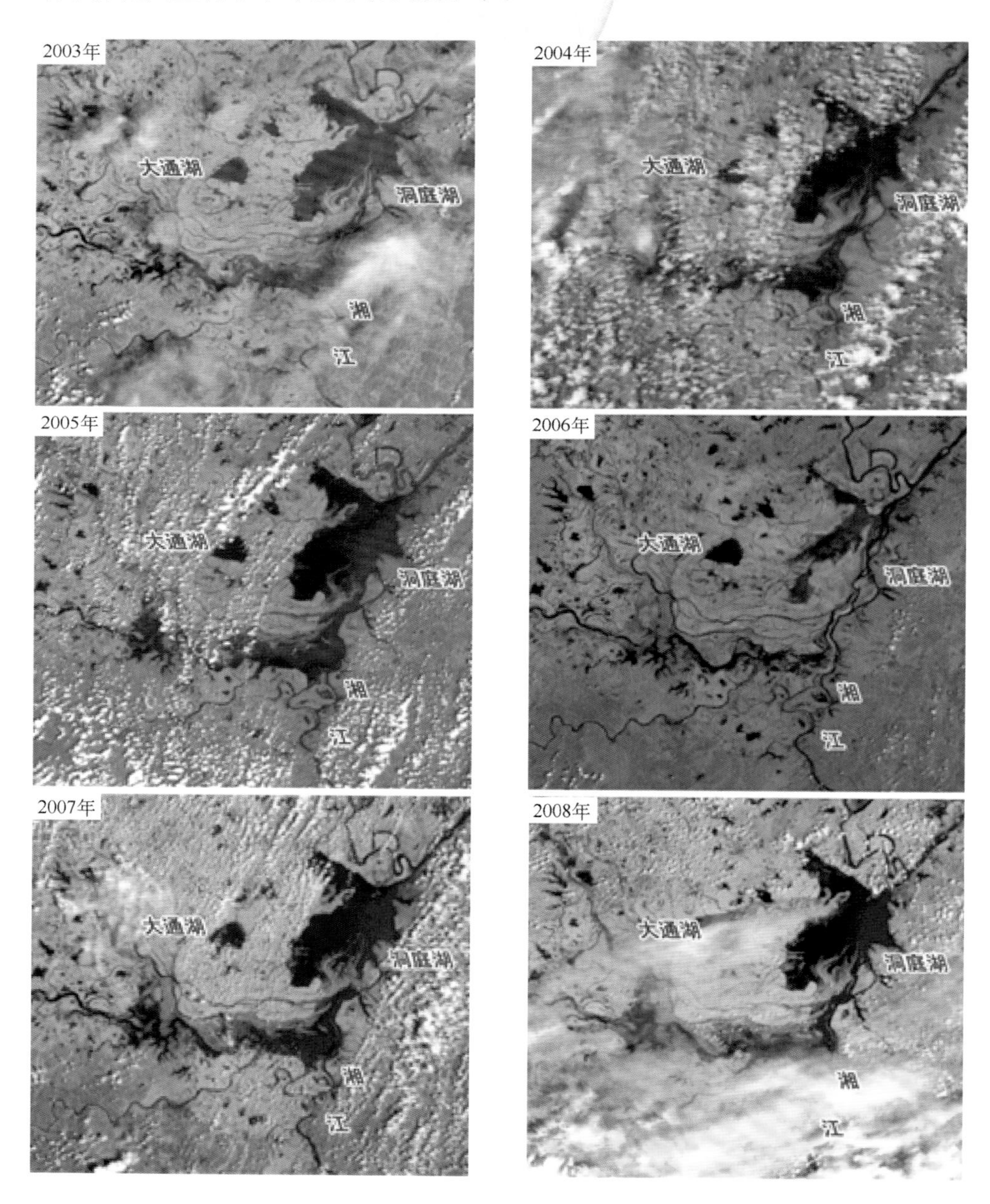

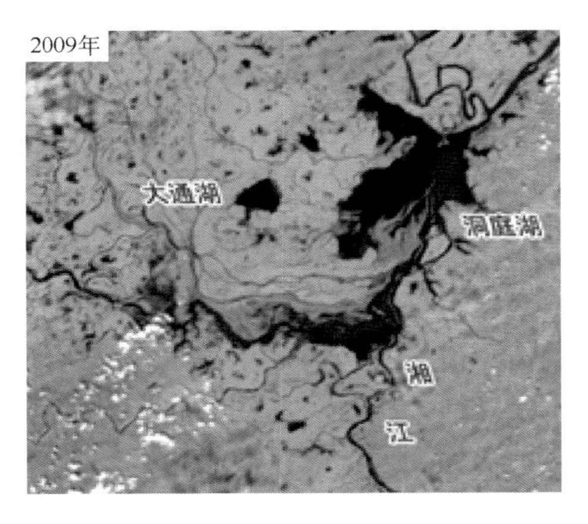

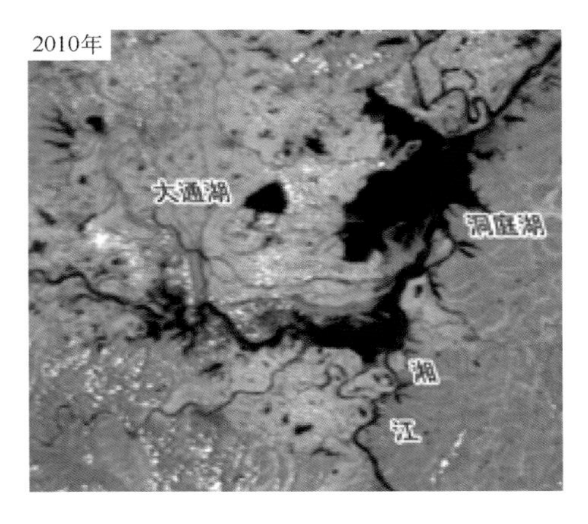

图 10.8 气象卫星洞庭湖水体监测序列图（2003—2010 年逐年 8 月）

10.2.6 卫星资料在季风分析中的应用

亚洲夏季风的活动，特别是南海夏季风的活动（图 10.9），对我国大陆夏季的降水有很重要的影响。一般而言，亚洲夏季风最先在孟加拉湾东南部以及中南半岛西南部暴发，孟加拉湾季风暴发后，南海夏季风暴发。

图 10.9 南海夏季风的卫星云图

卫星资料可制作亚洲季风强度（或面积）指数，所提供的南海区域以及孟加拉湾区域对流活动和降水，可描述亚洲夏季风的活动。监测亚洲夏季风活动，目前应用的产品包括 FY-2 卫星的 TBB、水汽和云导风、OLR 产品，还可根据静止和极轨气象卫星的红外和可见光云图对季风区的云型进行分析，降水资料可用国外 TRMM 卫星提供的数据。

10.2.7 卫星资料在大气微量成分监测中的应用

地球大气中的二氧化碳、甲烷、氧化亚氮、氯氟碳化物以及水汽等，统称为温室气体。温室气体能透过太阳辐射，吸收地-气发射的红外辐射，从而减少向太空逸出的红外辐射，使地-气温度升高，造成温室效应。自 1750 年以来，二氧化碳浓度值从工业化前的约 280 ppm 增加到 2005 年的 379 ppm，甲烷浓度值从工业化前的约 715 ppb*，增加到 2005 年的 1 774 ppb。大气温室气体含量增加可能引起的全球变暖，已成为目前最重要、影响最深远的全球环境问题之一。

臭氧是一种重要的大气微量气体，全球臭氧平均柱含量为 0.3 cm 左右（标准温度和压力），大部分集中在 10～50 km 的平流层。臭氧能够吸收太阳光中的紫外线，是人类和生物的保护伞。近年观测表明，臭氧的全球分布正受到明显破坏，图 10.10 是 FY-3A 卫星监测的 2008 年 8 月至 2009 年 1 月南极臭氧洞发生、发展、消亡过程的图像。

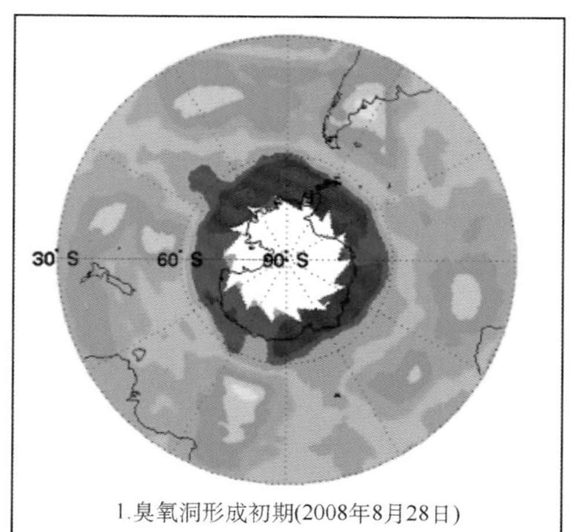

1.臭氧洞形成初期(2008年8月28日)

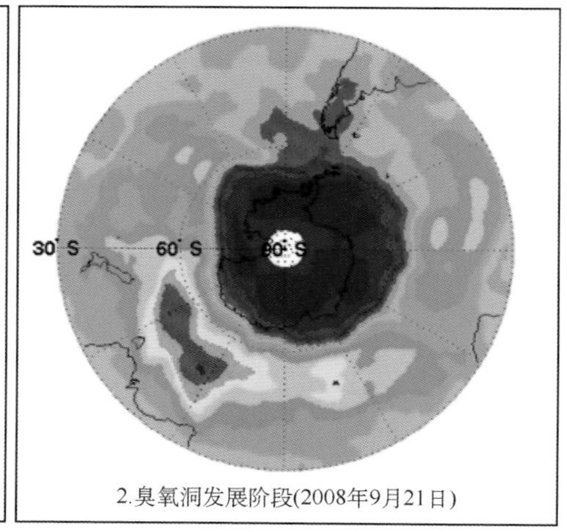

2.臭氧洞发展阶段(2008年9月21日)

* 1 ppb=10^{-9}，下同。

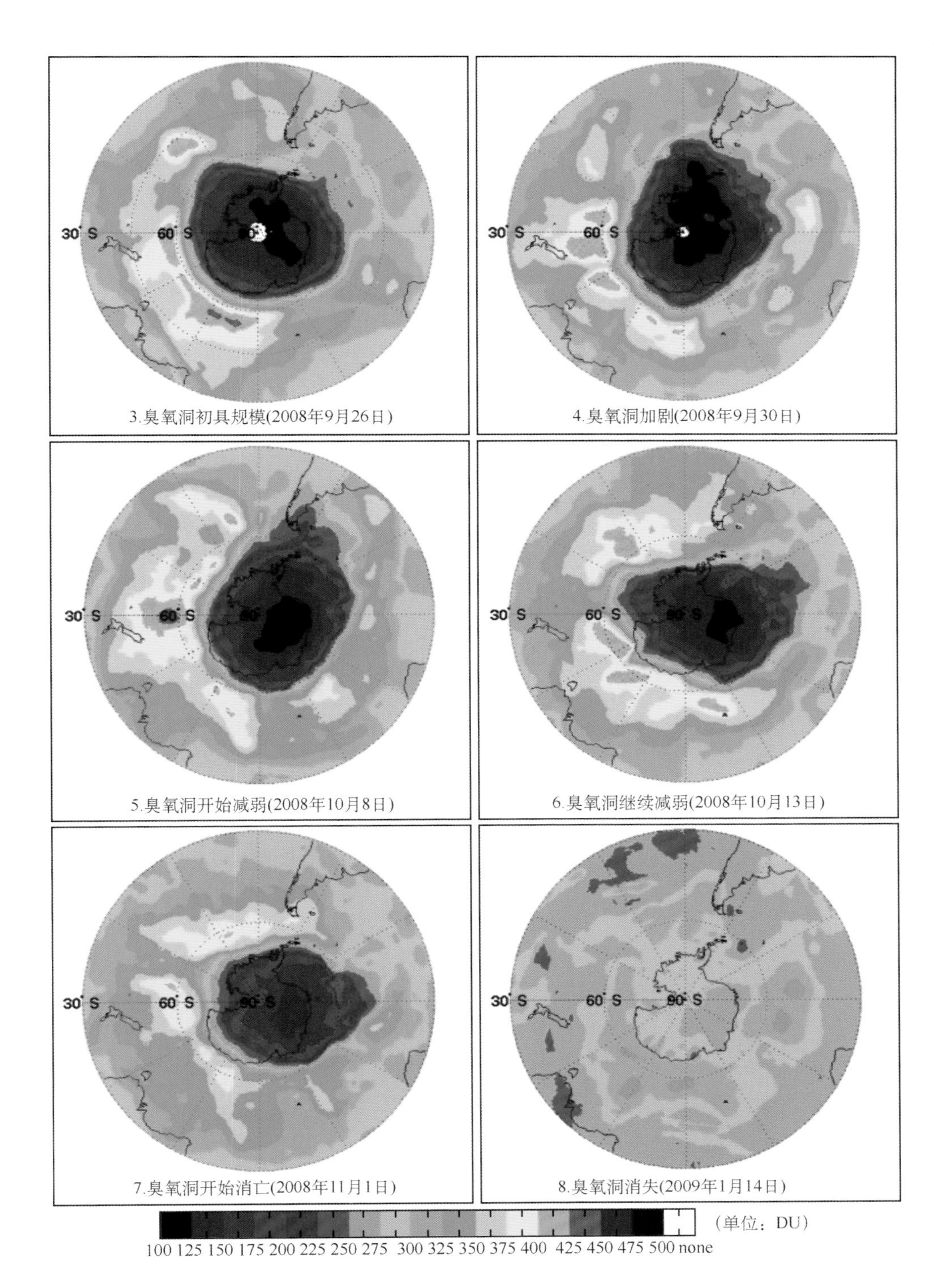

图 10.10　FY-3A 卫星获取的南极臭氧洞发生、发展、消亡过程的图像

10.3 卫星资料在气候模式中的应用

地球气候系统的各个组成部分之间存在着复杂的非线性相互作用，可以用不同复杂程度的模式来描述。通过数据同化手段，卫星资料可用于改进气候模式的模拟水平。

提高陆面模型模拟精度的困难之一是缺乏长期的、高分辨率的大气强迫数据来驱动陆面模型运行。大气强迫数据通常需要降水、气温、湿度、风速和向下的太阳辐射的日变化。目前，海洋模式同化中运用最为广泛的两种卫星资料是高度计资料和海面温度资料。

从 1998 年开始，美国启动了陆面数据同化系统（LDAS）和全球陆面数据同化系统（GLDAS）的研究。在陆面数据同化框架下，可以利用各种卫星和地面观测数据。从 2001 年开始，欧洲也开展了欧洲陆面数据同化系统（ELDAS）的研究，主要目的是改进洪水和干旱的预测，目前已经转入业务运行阶段。

中国气象局在本世纪也建立了针对土壤湿度的中国区域陆面数据同化系统（CLDAS）。国家气象信息中心研发的陆面数据同化系统已于 2013 年 7 月投入业务试运行，利用数据同化技术同化地面观测与卫星反演土壤湿度、卫星观测亮温等，从而得到能更加真实地反映实际情况的土壤温度、湿度等数据产品。该系统逐小时输出不同层次的土壤湿度以及气温、气压、风速、湿度、太阳辐射等陆面驱动产品，图 10.11 为该系统输出的不同深度的土壤水分图。

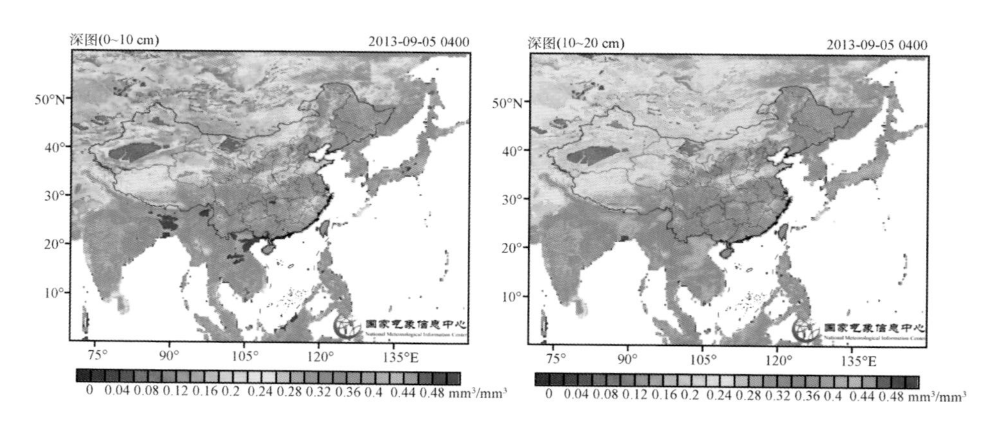

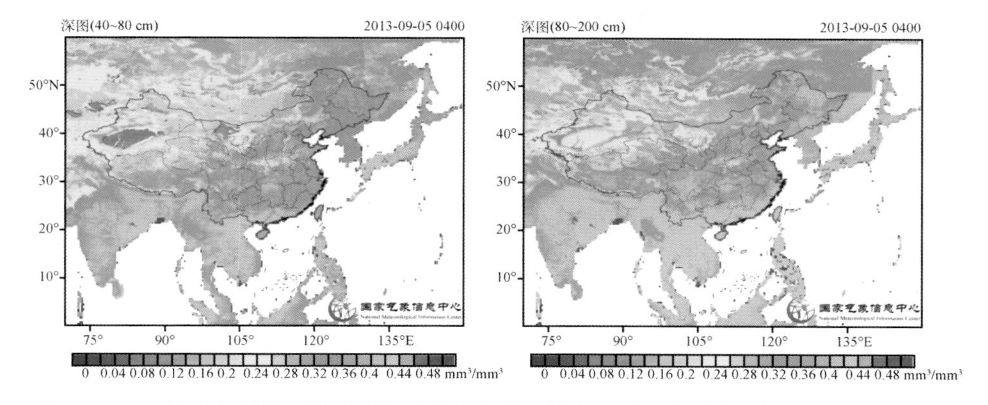

图 10.11　中国气象局陆面数据同化系统输出的不同深度的土壤水分图

中国西部陆面数据同化系统（WCLDAS）的研究是“中国西部环境和生态科学重大研究计划”中的项目，于 2003 年启动，由中国科学院寒区旱区环境与工程研究所和兰州大学资源环境学院大气科学系合作研究和开发。

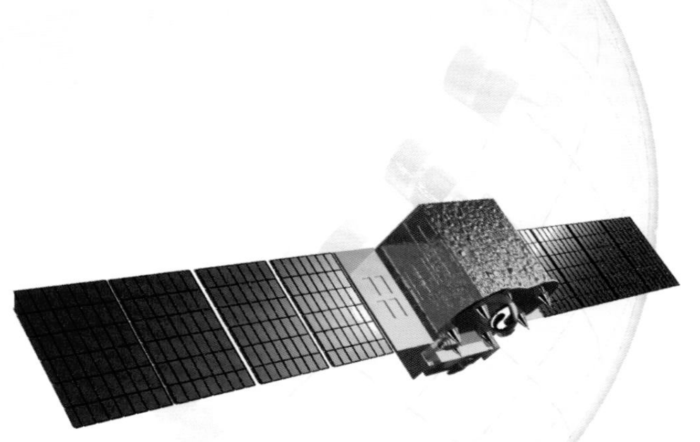

第 11 章　气象卫星资料在生态环境和灾情监测中的应用

11.1 土壤水分和干旱监测

（1）监测原理和方法

由于植物-土壤-水分系统的复杂性，使卫星遥感土壤水分和监测干旱存在一定的难度和不确定性，还没有一个全面适用的模型。

水体对红光和近红外波段吸收极强，植被对红光吸收强，对近红外反射强。红光和近红外波段的二维散点图呈典型的三角形，抽象出来可得到图 11.1。图中，*BC* 线是一条土壤线，湿土分布在土壤线的下部，干土分布在土壤线的上部；*AD* 线代表地表植被生长状况，从全覆盖（*A* 点）到部分覆盖（*E* 点）再到无植被覆盖（*D* 点）。散点位置可大致反映植被覆盖和土壤水分状况。

土壤水分和干旱常通过植被指数进行监测，实质是用植被生长的实况反过来测土壤水分。还可将植被指数和地表温度综合起来构造干旱监测指标。例如，将其比值称为供水植被指数。供水充足，植被长势好，地表温度相对较低，则供水植被指数高；反之亦然。

土壤含水量高，造成土壤的热传导率和热容量高，则土壤热惯量高。基于土壤热惯量，可反演土壤水分。土壤的热惯量可由每日最高与最低地表温度之差导出，但这种方法原则上只适用于裸露土壤。

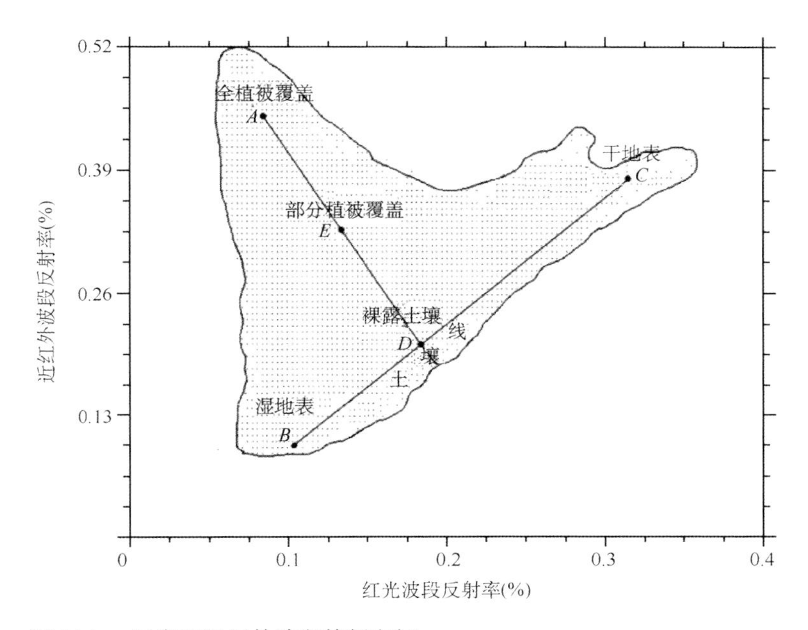

图 11.1　红光和近红外波段特征空间

（2）实例

2009 年 8 月，由于持续高温少雨，东北西部、内蒙古东南部、华北北部旱情迅速发展。FY-3 卫星获取的干旱监测图（图 11.2）显示，辽宁西部的朝阳市等地、吉林西部白城市、内蒙古东南部的赤峰市和锡林郭勒盟干旱面积较大、程度较重。图 11.3 为气象卫星 2010 年 3 月中旬全国干旱监测图，西南大部、西北东部、内蒙古中部等地有旱情，其中西南地区旱情严重。

11.2 洪涝监测

（1）监测原理和方法

晴空条件下，利用近红外通道为主的资料，建立水体判识阈值，可以准确

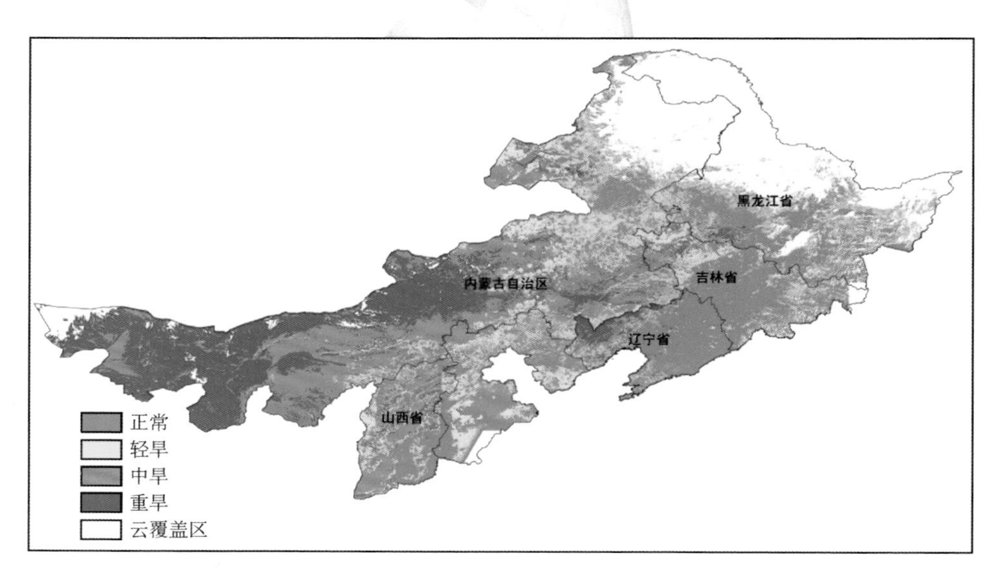

图11.2　FY-3卫星2009年8月13日干旱监测图

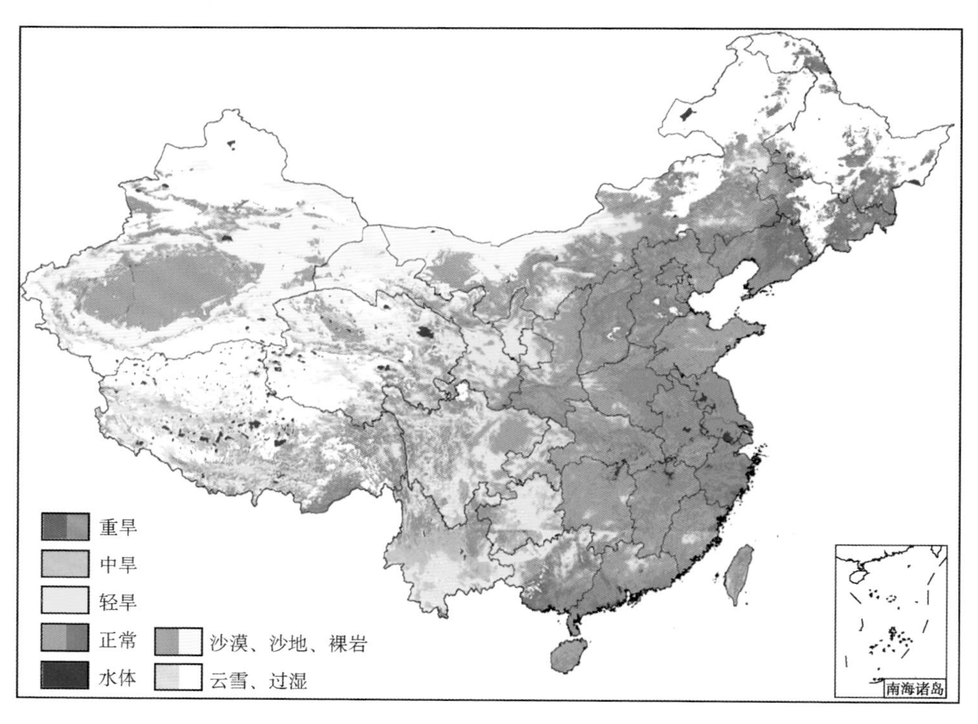

图 11.3　气象卫星 2010 年 3 月中旬全国干旱监测图

提取水体信息。有薄云时，在可见光和近红外通道图像上有可能看到云层下显现的水体信息，滤掉薄云的影响，提取水体信息。

利用卫星历史资料，提取湖泊及河流的水体边界范围，可制作警戒水体数据库。最大限度的正常水体范围为警戒水体，超出警戒水体的水体为泛滥水体。获取泛滥水体后，要分析淹没面积和淹没时间两个信息，再利用地理信息，可确定水灾所在的行政区域，估算农田、草地等的受灾面积和程度，为估算经济损失提供依据。

（2）实例

1998 年夏季，长江中下游流域、嫩江流域发生特大洪涝，气象卫星对此进行了全过程的监测，图 11.4a，4b 分别为气象卫星洞庭湖、鄱阳湖洪涝监测图像，图中红色表示泛滥水体，蓝色表示正常水体。

2007 年 6 月下旬到 7 月底，淮河流域发生了新中国成立以来的第二大流域性洪水，0～10 天、10～20 天、大于 20 天三个时段的洪涝面积分别是 2 321.31 km^2、1 499.38 km^2，1 291.31 km^2。图 11.5 给出了淮河干流区域淹没历时图。

2013 年 8 月，嫩江、松花江、黑龙江流域发生特大洪涝，图 11.6 为 FY-3A 中分辨率光谱成像仪的黑龙江下游洪涝监测图像。

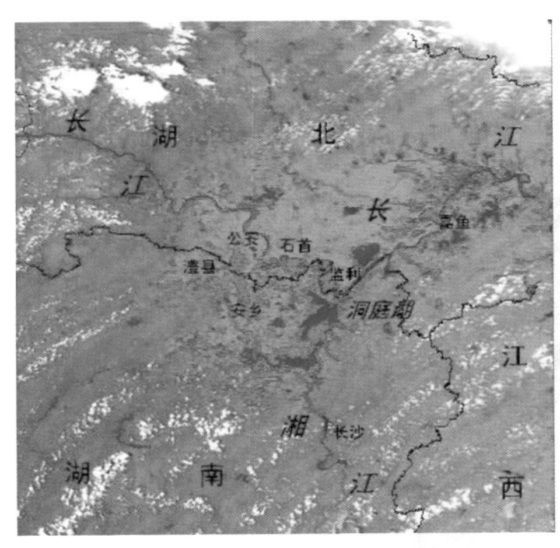

图 11.4a　洞庭湖洪涝监测图

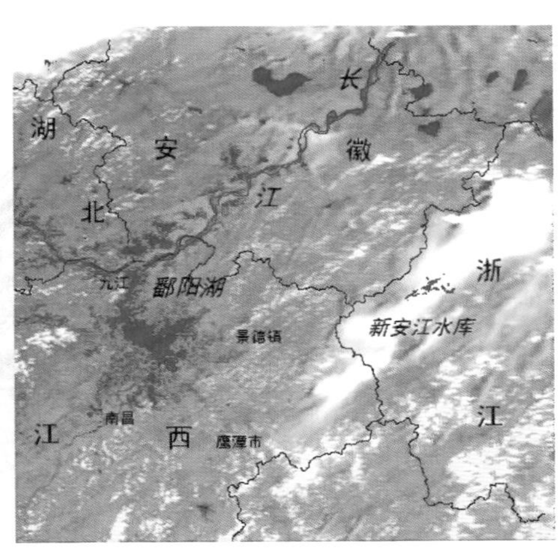

图 11.4b　鄱阳湖洪涝监测图

图 11.5　2007 年 7 月淮河干流区域淹没历时图

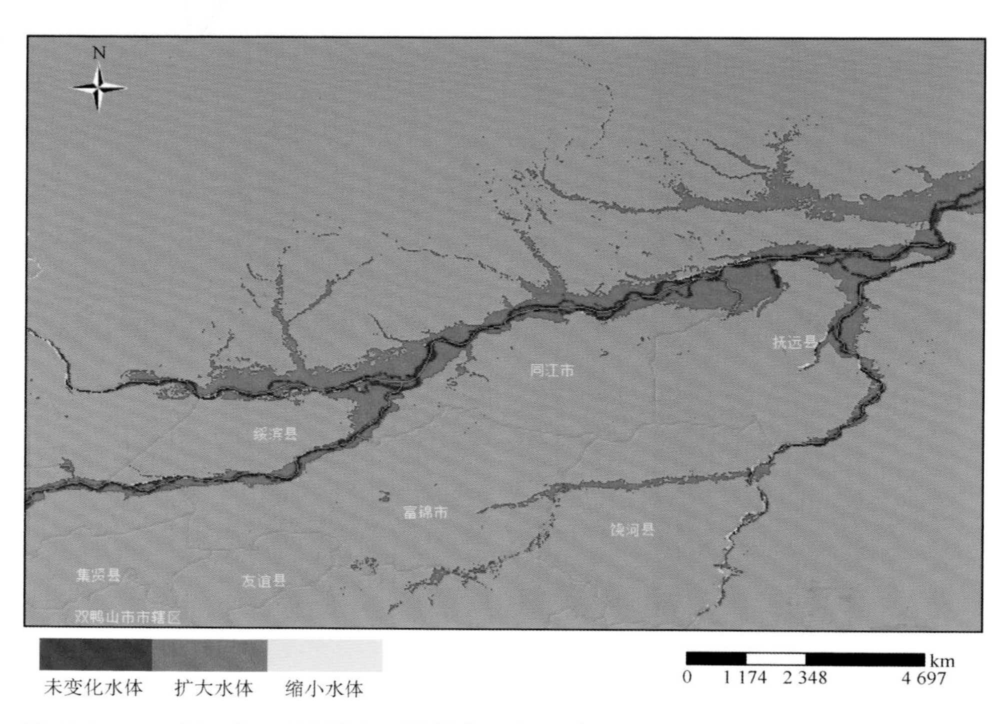

图 11.6　2013 年 8 月 27 日黑龙江下游洪涝监测图（与 2012 年 8 月 7 日相比）

11.3 火情监测

（1）监测原理和方法

地表温度约 300 K，林木燃烧温度一般在 550 K 以上。根据普朗克定律，当温度从 300 K 变化到 800 K 时，中波红外通道（～3.7 μm）的辐射约增大 2 000 倍，而长波红外通道（～11 μm）仅增加 10 多倍。当地面出现火点时，该像素的中波红外通道辐射值急剧上升，和周围像素形成明显反差，并远远超过长波红外通道增量。利用这一特点，可探测林火、草原火点，还可监测农作物秸秆焚烧火点。

对中波红外、近红外、可见光通道分别赋予红、绿、蓝色，组成彩色合成图，图上鲜红色表示正在燃烧的明火区，暗红色表示过火区，绿色表示未燃烧植被区，蓝色为水体，灰色为烟雾或云。由于夜间没有可见光信息，可赋予中波红外通道红色、长波红外通道绿色和蓝色，图像中的明火点仍为鲜红色。利用彩色合成图像，可以很容易地判识火情信息。

利用中波红外与长波红外两个通道，也可自动判识火点，同时计算得到明火温度和明火区面积与像素面积之比。中波红外通道对火情非常敏感，对于较小的火点，例如火点面积仅为像素的千分之一，亦可监测出来。

森林、草原火灾发生后，过火区植被的可见光和近红外通道反射率会发生明显下降，利用火灾发生前后的可见光通道反射率或植被指数变化可提取过火区信息，估算过火区的范围和面积。

（2）实例

1987 年 5 月，我国东北大兴安岭林区发生了一场新中国成立以来罕见的特大森林火灾。在那次扑灭特大林火的过程中，国家卫星气象中心提供了大量气象卫星林火监测信息，在扑火工作中发挥了重要作用。

图 11.7a 为气象卫星 1987 年 5 月 8 日大兴安岭火情监测图。图中可见三大块火场，东西距离约 150 km，南北距离约 80 km，上空有向东南方向蔓延的大片烟雾，烟区长达 500 km 以上。图 11.7b 为气象卫星 6 月 2 日的过火区监测图。经估算，过火区面积约 10 800 km^2。

图 11.8 为 FY-1 卫星 2000 年 5 月 6 日草原火情监测图，图 11.9 为 2002 年 5 月 20 日至 6 月 5 日我国小麦种植地区火情监测图，由焚烧麦秸造成。

2013 年 6 月，印度尼西亚苏门答腊岛当地因“烧芭”（焚烧芭蕉林）农业用火，引起大片烟雾，对新加坡、马来西亚等地的旅游业和航空运输造成严重影响。图 11.10 为利用 FY-3A MERSI 资料制作的真彩色火点信息图。

图 11.7a　气象卫星大兴安岭火情监测图

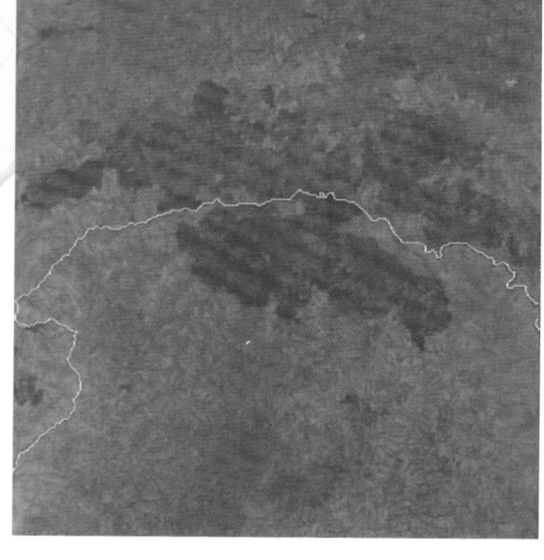

图 11.7b　气象卫星大兴安岭过火区监测图

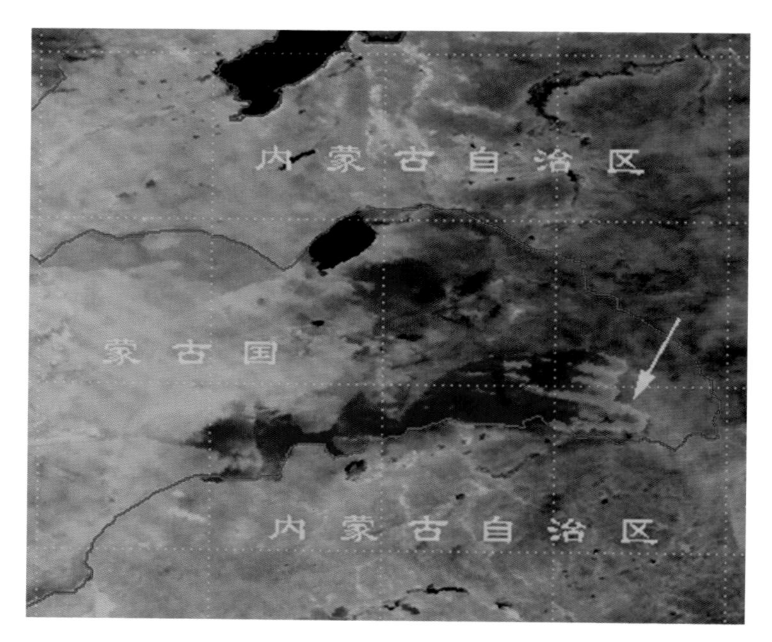

图 11.8　FY-1 卫星 2000 年 5 月 6 日草原火情监测图

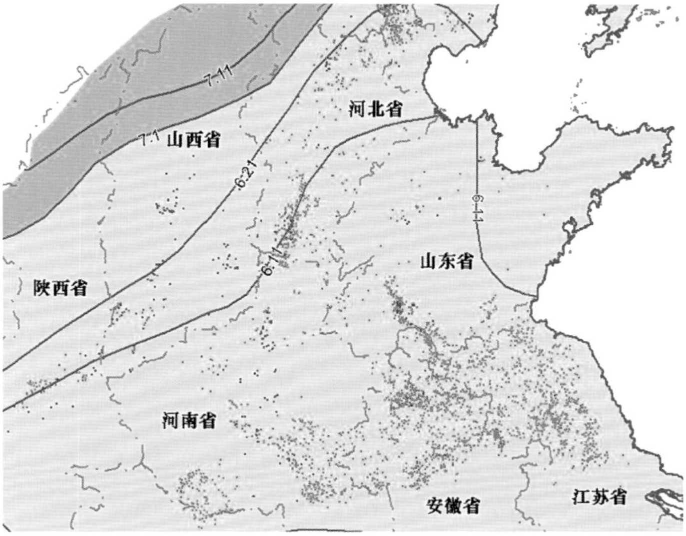

图 11.9 2002 年 5 月 20 日至 6 月 5 日我国小麦种植地区火情监测图

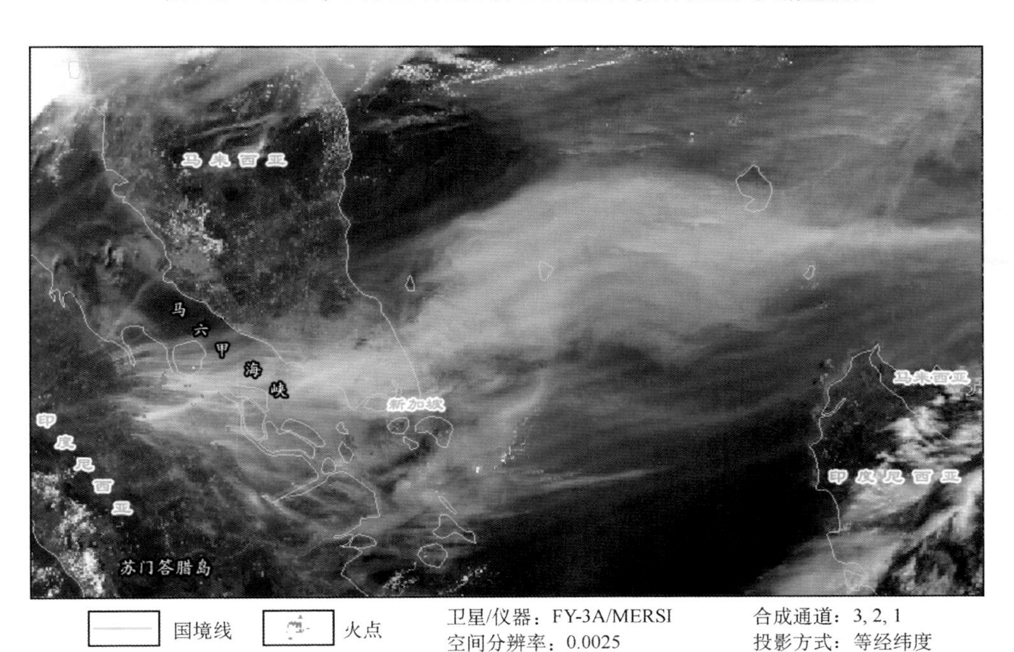

图 11.10 FY-3 卫星 2013 年 6 月 20 日印度尼西亚苏门答腊岛真彩色火点信息图

11.4 沙尘天气监测

（1）监测的原理和方法

沙尘天气分浮尘、扬沙、沙尘暴、强沙尘暴和特强沙尘暴5个等级。沙尘暴发生时，沙尘总颗粒物浓度迅速增加，达到10^3量级，大部分污染元素的浓度超出平时10～30倍。一般来说，沙尘暴强度越大，大粒子沙尘颗粒的数浓度相应越高。

沙尘气溶胶的辐射特性与其粒子尺度和数浓度有密切关系。沙尘气溶胶的反射率，在可见光和近红外波段较高，与透光或半透光的中、高云相近；在1.3～1.9 μm短波红外波段，反射率高于可见光和近红外波段，明显高于中、高云的反射率；在3.5～3.9 μm中波红外波段，沙尘气溶胶体现了较高的亮温；在热红外波段，亮温低于地表，和中、低云相当。

沙尘暴监测依据沙尘气溶胶的光谱辐射特性，将可见光、近红外、短波红外、中波红外、长波红外通道组合，提取沙尘暴信息。方法有多光谱阈值法、沙尘强度指数法、红外差异沙尘指数法、基于辐射正演传输模型的数值模拟方法等，其他还有使用微波（毫米波）和紫外波段遥感数据等进行沙尘暴遥感监测的方法，以及多种探索性的监测方法。

（2）实例

图11.11是FY-1C卫星监测的沙尘暴图像。图11.12是基于辐射正演传输

图11.11　2000年4月6日 FY-1C卫星监测的沙尘暴图像

模型的数值模拟方法，由 MODIS 数据提取的沙尘粒子有效半径和光学厚度的分布信息。

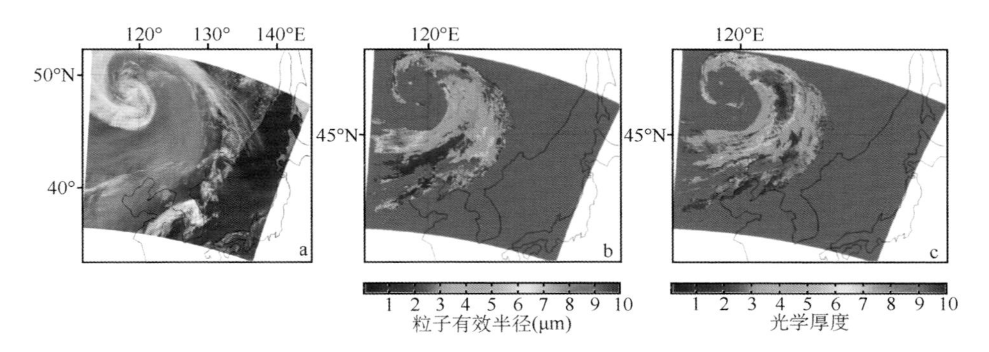

图 11.12　2001 年 4 月 7 日观测的沙尘暴图像：a. 多通道彩色合成图像，b. 粒子有效半径，c. 光学厚度

2011 年 4 月下旬，北方沙尘天气（图 11.13a，13b）向南扩散，是否会造成上海灰霾天气，进而影响上海世界博览会，组委会对基于卫星资料提供的保障服务高度赞扬。

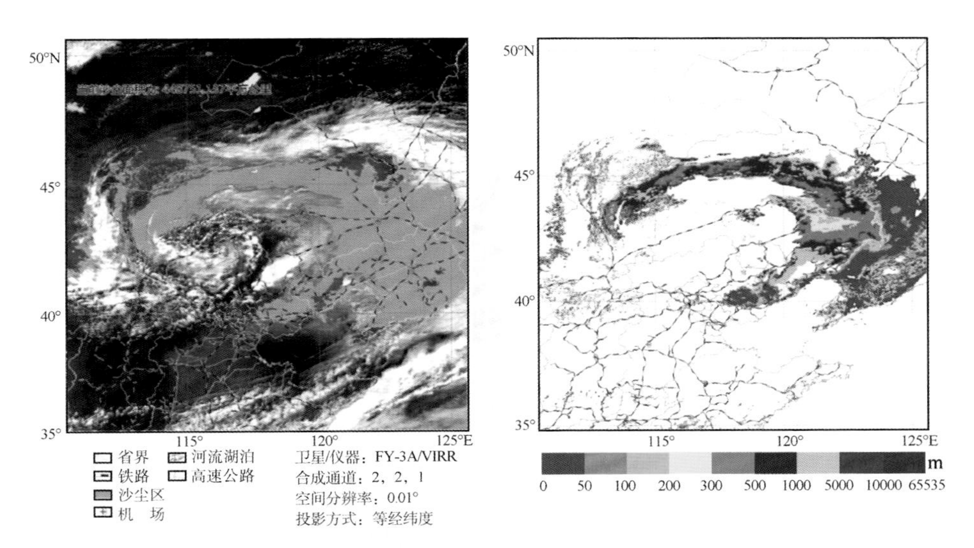

图 11.13a　2011 年 4 月 30 日沙尘监测图　　图 11.13b　2011 年 4 月 30 日沙尘能见度监测图

11.5 雾监测

（1）监测原理和方法

雾的厚度一般比较小，常见的辐射雾的厚度大约为几十米到两百米。雾和云一样，与晴空区之间有明显的边界。

白天，雾在可见光图像上纹理均匀，边界整齐光滑，跟地形的高低吻合得很好。同时，由于雾滴比云滴小得多，反射率大，通过人眼就能识别出哪里是雾，哪里是云。在中波红外通道，雾与中、高云相比，亮温较高。另外，云系是快速移动的，雾区则是相对静止的，通过云图动画也是区分云和雾的有效手段。

夜间，雾和低云在 3.7 μm 的发射率小于 10.7 μm 波段，两个通道的亮温存在明显差异。地表两个通道都相当于黑体，亮温非常接近。因此，通过这两个通道亮温差可区分雾/低云和地表。雾和低云的区分一直是难点，想要区分就要借助一些辅助资料，如应用数值天气预报场或其他地表温度等。

利用雾的光学厚度可获得能见度信息，并可对雾的消散进行预测。大雾消散时间可得自于静止气象卫星连续多次可见光图像。通过对比地面观测和卫星可见光波段反射率发现，当大雾覆盖区域反射率下降到 20% 以下时，地面观测能见度上升到 1 km 以上，即大雾消散。

（2）实例

图 11.14 为我国新疆北部的雾区，图像由 MODIS 与地理信息合成，图中雾

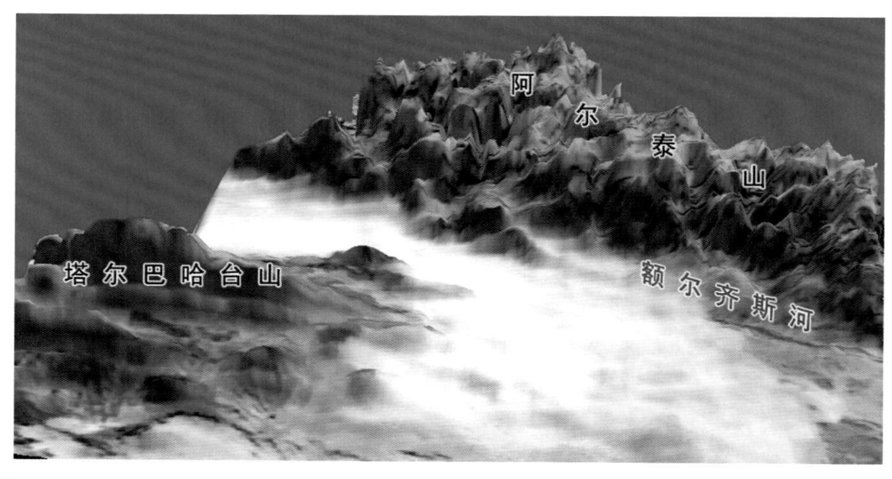

图 11.14　2002 年 10 月 29 日新疆北部河谷的雾区

区最厚部分位于河谷地区。图 11.15 为气象卫星大雾监测图，大雾覆盖了山东、江苏、上海、浙江北部等地，并且延伸到黄海、东海、渤海的大片海域。图 11.16 为应用 FY-1D 资料反演的雾区能见度图，靠近海边能见度差，越向内陆能见度越好。

图 11.15　气象卫星 2010 年 2 月 23 日 09 时 28 分大雾监测图

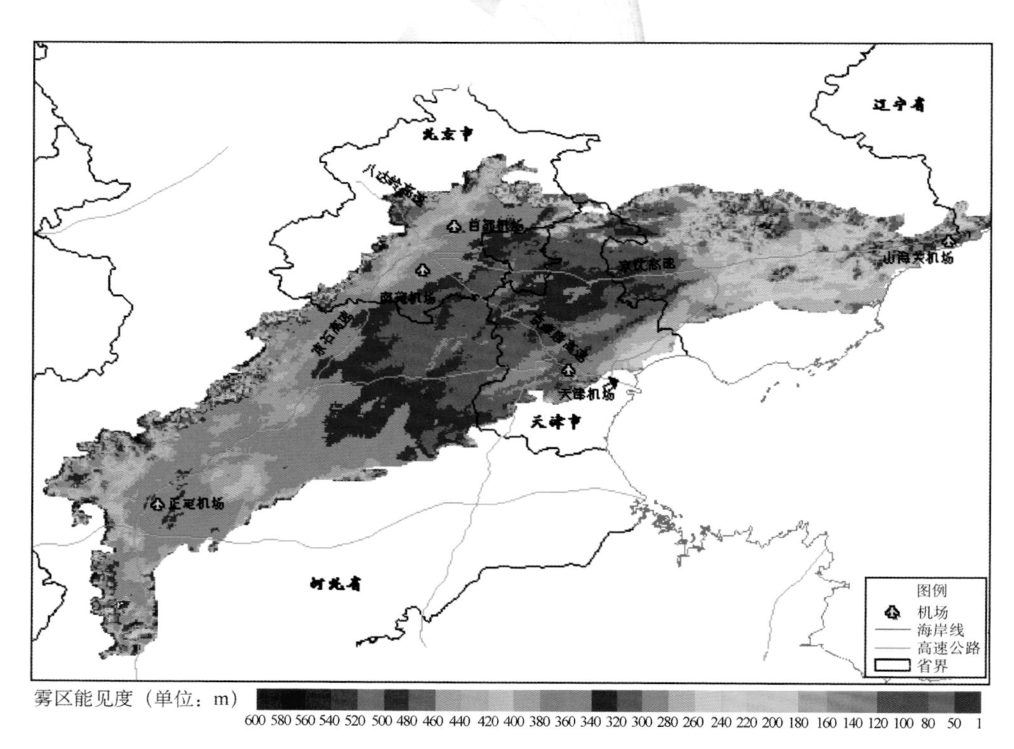

图 11.16　2003 年 12 月 3 日能见度反演结果图

11.6 积雪监测

（1）监测原理和方法

积雪在可见光和近红外通道具有较高的反射率，纯雪面的反射率可达 70% 以上，与云十分接近；在短波红外通道具有强吸收特性，反射率较低，纯雪的反射率一般低于 15%；在长波红外通道具有较高的亮温，并且由于水汽吸收作用，与水汽通道间亮温差较大。因此，采用多通道阈值法可提取出积雪信息，进而获取积雪覆盖面积等。

卫星观测的积雪像素在大多数情况下为混合像素。可见光对较薄的雪层具有一定的穿透性，因此积雪深度越大，积雪覆盖率越大，相应的积雪像素反射率也越大，三者之间存在较好的相关性。利用这三者间的关系，再考虑积雪下垫面、积雪性质以及积雪观测角度等的影响，可估算出积雪深度。

（2）实例

1996年以来，国家卫星气象中心监测了我国青藏高原、新疆、东北及内蒙古东部三大主要积雪区的冬季积雪量情况。图11.17是青藏高原2007—2008年度冬季旬积雪覆盖度，最大值约为0.51，出现在2月上旬，最小值约为0.04，出现在1月上旬，平均约为0.24。

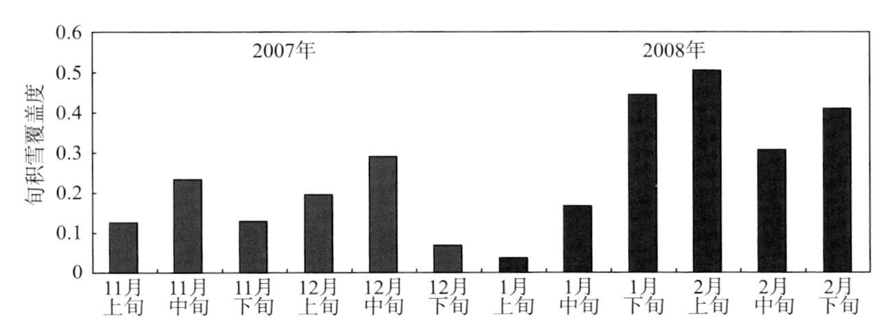

图11.17　青藏高原2007—2008年度冬季旬积雪覆盖柱状图

2005年10月中旬至11月中旬，青海省南部出现持续强降雪天气，造成严重雪灾。FY-1卫星积雪监测图（图11.18）显示，主要积雪区位于果洛藏族自治

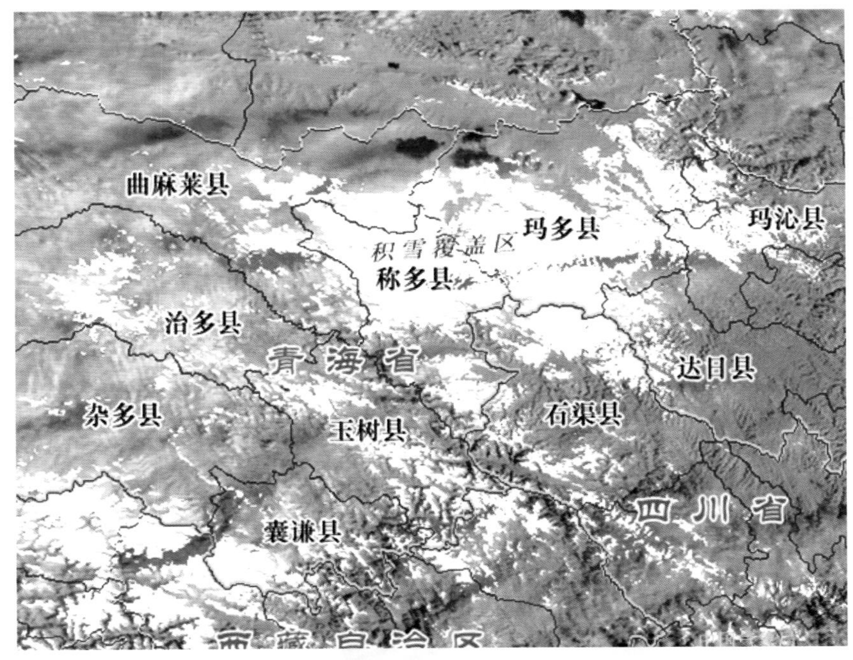

图11.18　FY-1D卫星2005年11月14日青海省南部积雪监测图

州玛多县和玉树藏族自治州称多县一带。经估算，称多县积雪面积约 10 250 km^2，占全县面积的 70%，玛多县积雪面积约 11 300 km^2，占全县面积的 43%。

图 11.19 为气象卫星 2012 年 11 月 6 日华北地区积雪厚度估算图，蓝色区域积雪厚度为 20～30 cm，红色区域积雪厚度在 30 cm 以上。

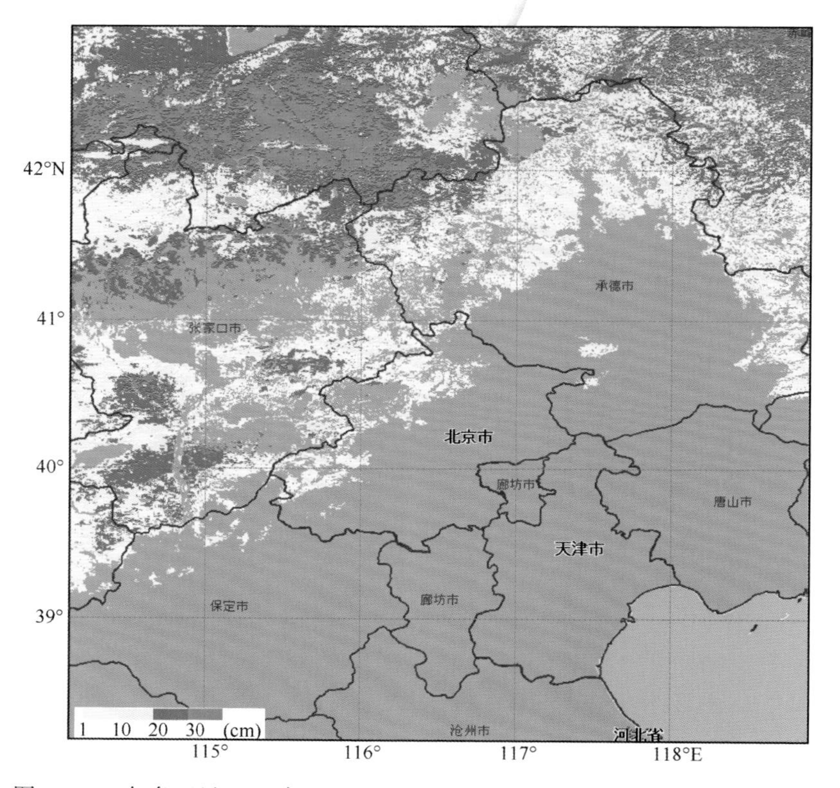

图 11.19　气象卫星 2012 年 11 月 6 日华北地区积雪厚度估算图

11.7 海冰、冰凌监测

（1）监测原理和方法

海水反射率不到 10%。冰在可见光的反射率一般为 30%～60%，在近红外波段明显降低，但仍比海水高，在热红外波段海冰的温度低于海水。低云、雾的反射率和温度都与海冰相近，难以区分。而在短波红外通道，海冰有较强的吸收，反射明显降低，可区分海冰和低云、雾。用红、绿、蓝三个通道生成海冰真彩色图像，可以清楚地反映海冰与海水的分界。结合可见光、近红外和红外通道，通过海冰自动判识阈值，可用于判识海冰，估算海冰面积和覆盖度。通过可见光通道反射率和红外通道亮温，可估算海冰厚度。

黄河冰凌有多种类型，监测方法和海冰有相似的地方，也有不同之处。在黄河上游含沙量较少的河段，冬季产生的冰为透明冰，反射率较低。在内蒙古河段，河床中的冰有较长时间被积雪覆盖，这类冰的判识可以采用与积雪近似的方法。对于流凌，近红外反射率以及远红外亮温高于河道中的流水，可监测冰凌。

（3）实例

国家卫星气象中心自 1988 年以来，每年冬季利用气象卫星监测渤海海冰，分析海冰发生、发展、消退的过程。图 11.20 为 FY-1C 卫星多光谱海冰监测彩

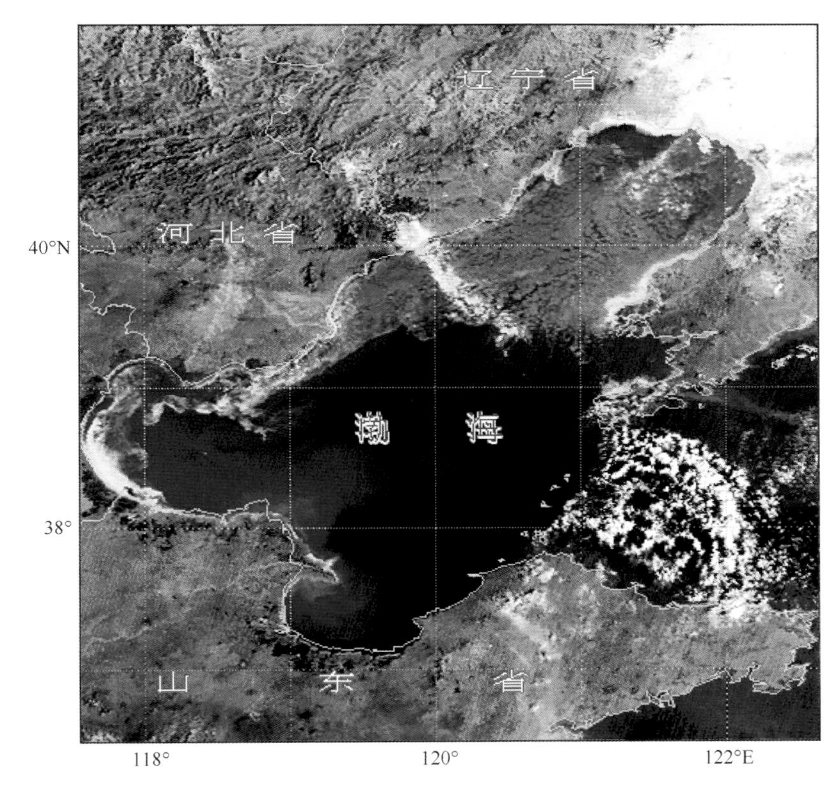

图 11.20　FY-1C 卫星 2001 年 2 月 15 日渤海海冰监测图像

色合成图，图中可见辽东湾北部和西部近岸局部水域有灰白色的海冰信息。图 11.21 为卫星渤海海冰厚度估算图，图中绿色海域海冰厚度 5～10 cm，红色海域海冰厚度＞10 cm。

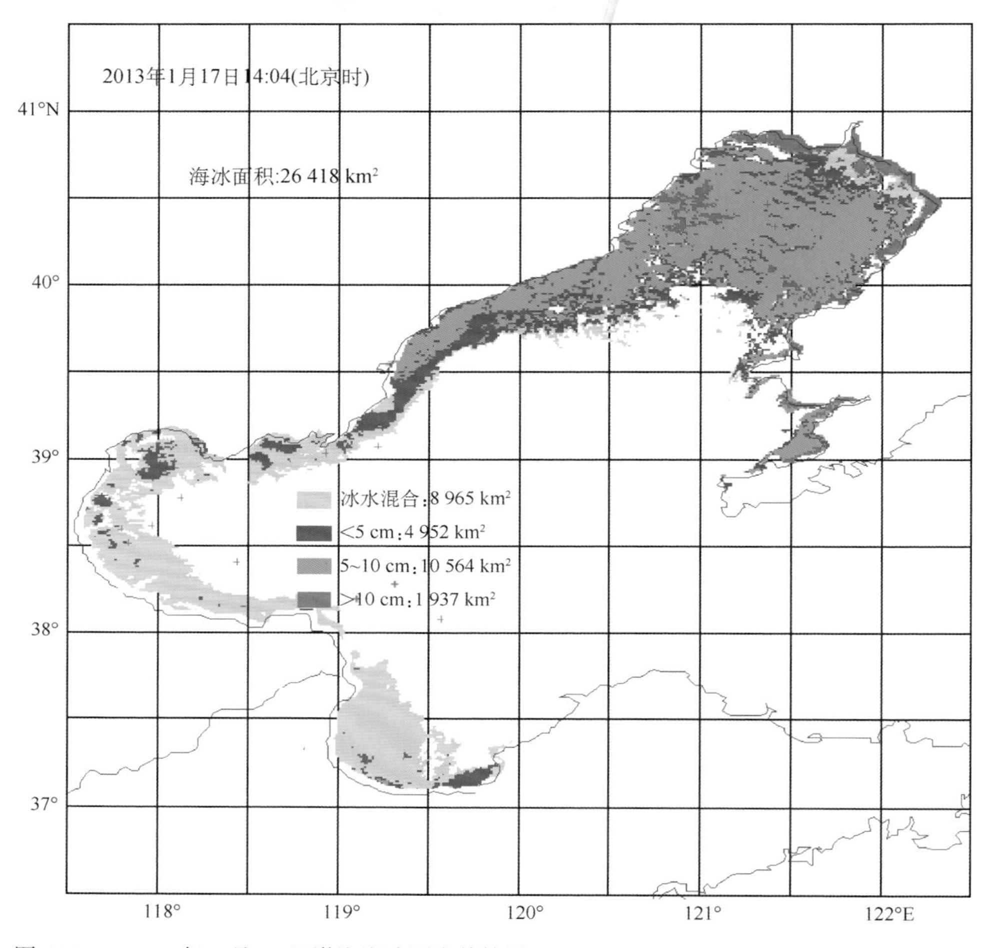

图 11.21　2013 年 1 月 17 日渤海海冰厚度估算图

在气象卫星 2008 年 3 月 22 日的黄河冰凌监测图（图 11.22）中可见，黄河内蒙古河段仍有明显的蓝灰色冰凌信息，同时监测到黄河内蒙古杭锦旗段因冰凌造成溃堤的水体，估算因溃堤造成的水淹面积约 100 km^2。

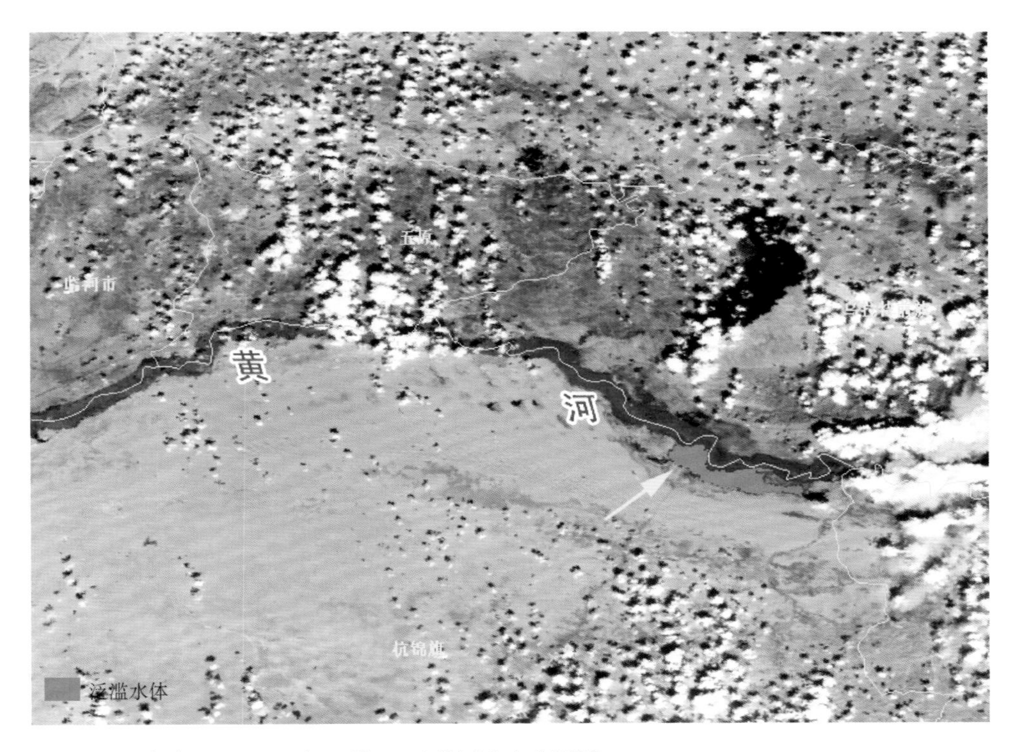

图 11.22　气象卫星 2008 年 3 月 22 日黄河冰凌监测图

11.8 火山爆发监测

（1）监测原理与方法

全球每年约有 60 座火山喷发，大规模的火山爆发对全球气候和环境产生深远影响。监测火山爆发主要集中在监测火山喷发时的“热点”位置，识别火山灰云，估算其范围、面积和高度。

中波红外通道被广泛用来监测火山爆发的热异常效应。在火山爆发初期，火山灰的反射率在可见光、近红外波段一般小于 30%，介于云和地表之间。在火山爆发中后期，随着火山灰云的扩散和移动，火山灰中较重的颗粒慢慢沉淀下来，火山灰云的反射率增高，在可见光、近红外图像上，渐渐与气象云难以区分。这时，在长波红外分裂窗通道，11 μm 和 12 μm 两个通道的差值，火山灰云是负的，而气象上的云是正的，于是可区分气象云和火山灰云。火山灰云的高度是一个重要参数，它和火山灰云最终的分布范围密切相关。根据火山灰云投射到地表的阴影的长度等信息，可估算火山灰云的高度，依据火山灰云顶温度也可得火山灰云的高度。

（2）实例

1991 年 6 月到 7 月间的菲律宾皮纳图博火山爆发，是有卫星资料以来监测到的最为猛烈的火山爆发之一。国家卫星气象中心很好地捕捉到这次火山爆发过程，图 11.23 十分清晰地揭示出火山口、火山灰和烟尘的扩散漂移情况。火山灰云半径约 220 km，面积为 14.5 万 km^2，高度在 34～37 km，沿着高层偏东风向西漂移，移动范围几乎绕地球一周，对全球气候产生了深远的影响。

图 11.23　1991 年 6 月 15 日皮纳图博火山爆发后的卫星图像

2010 年 4 月，冰岛艾雅法拉冰河火山喷发加剧，产生大量的火山灰云。图 11.24 为 FY-3 可见光、近红外、短波红外通道合成图，图中可见向南部蔓延的大范围冰岛火山灰云。

图 11.24 FY-3 卫星 2010 年 4 月 19 日冰岛火山灰云监测图

11.9 植被监测

（1）土地覆盖监测

首先要建立科学合理的土地覆盖分类体系，国际地圈生物圈计划（IGBP）分类体系共分 17 类，针对 1 km 分辨率的全球覆盖。天然植被分为常绿针叶林、常绿阔叶林、落叶针叶林、落叶阔叶林、混交林、浓密灌丛、稀疏灌丛、木质稀树草原、稀树草原、典型草原和沼泽湿地 11 类；另外，有农田、建筑用地、农田和自然植被相嵌的陆地 3 类；以及冰雪、荒漠、水体 3 类。

利用一定时间序列的地表参数，提取各土地覆盖类型的时相特征信息，再结合地理信息辅助数据，即可得出土地覆盖类型。

图 11.25 为中国及周边地区的 IGBP 分类，由于中国区域没有木质稀树草原和稀树草原两类地表，所以实际分类为 15 类。

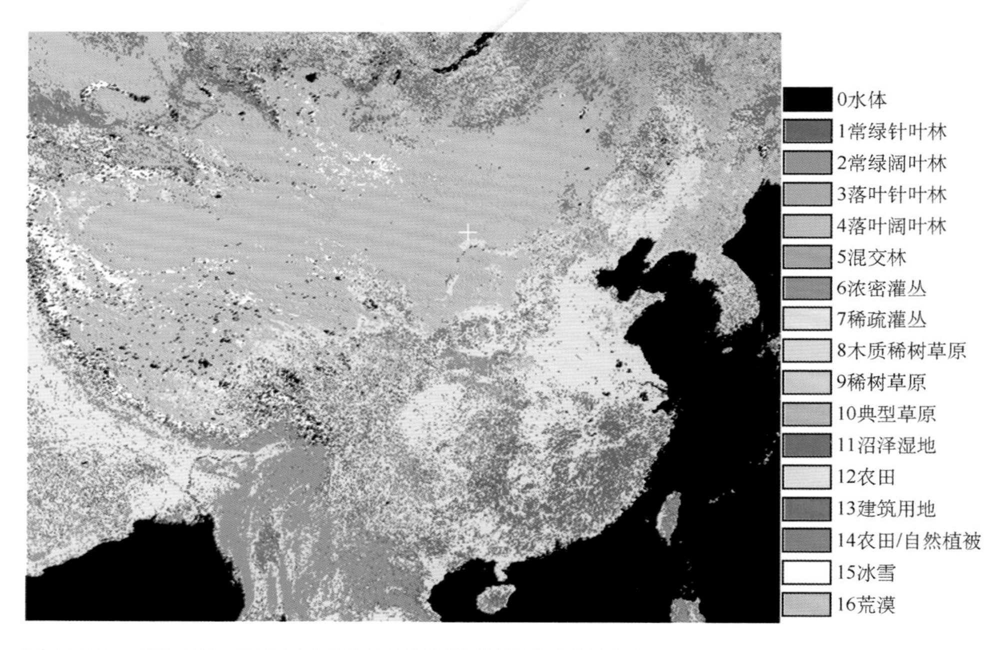

图 11.25　中国及周边地区土地覆盖类型分类结果伪彩色图

（2）荒漠化监测

荒漠化的轻重程度与植被覆盖率有直接关系，通过植被指数（NDVI）可计算出植被覆盖率。荒漠化程度分四个级别，即重度、中度、轻度和非荒漠化。图 11.26 显示，在我国北疆地区，除天山、阿尔泰山部分及绿洲区，其他区域均有不同程度的荒漠化。

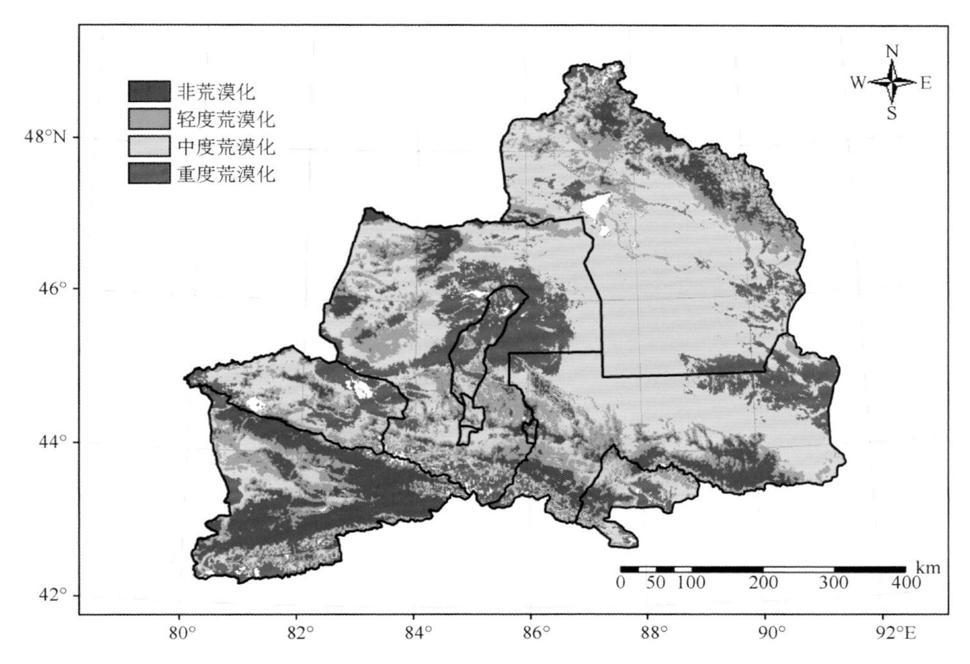

图 11.26　2008 年北疆地区荒漠化分级图

（3）净初级生产力估算

植被净初级生产力（NPP）是植被通过光合作用固定太阳能的产物，主要由植被吸收的光合有效辐射与光能转化率两个变量来确定。植被吸收的光合有效辐射取决于太阳总辐射和植被对光合有效辐射的吸收量。光能转化率是植被通过光合作用吸收单位光合有效辐射所固定的干物质总量。我国陆地植被净初级生产力分布见图 11.27。

（4）生态系统光能利用率的时空分布

植被光能利用率（LUE）是以单位土地面积上植被总干物质所含能量，除以所接受的太阳总辐射能（或光合有效辐射）来计算。光合作用只能利用 400～700 nm 的可见光（即光合有效辐射），它占太阳总辐射能的 45%～50%，以其计算所得的数值约为以太阳总辐射能计算结果的 2 倍。

对于植物个体而言，将太阳总辐射能最终转变为贮存在碳水化合物中的光能最多只有 5%；生长良好的植被，其平均值一般不超过 2%。图 11.28 显示的是 2001 年中国各省（区、市）的平均光能利用率（%）。

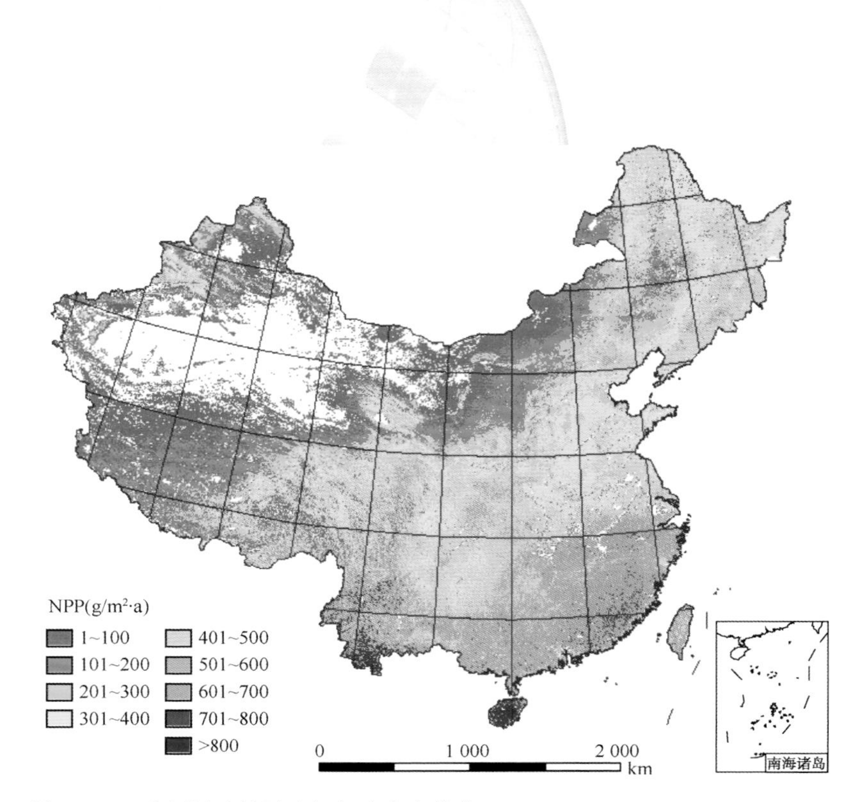

图 11.27　中国陆地植被净初级生产力分布

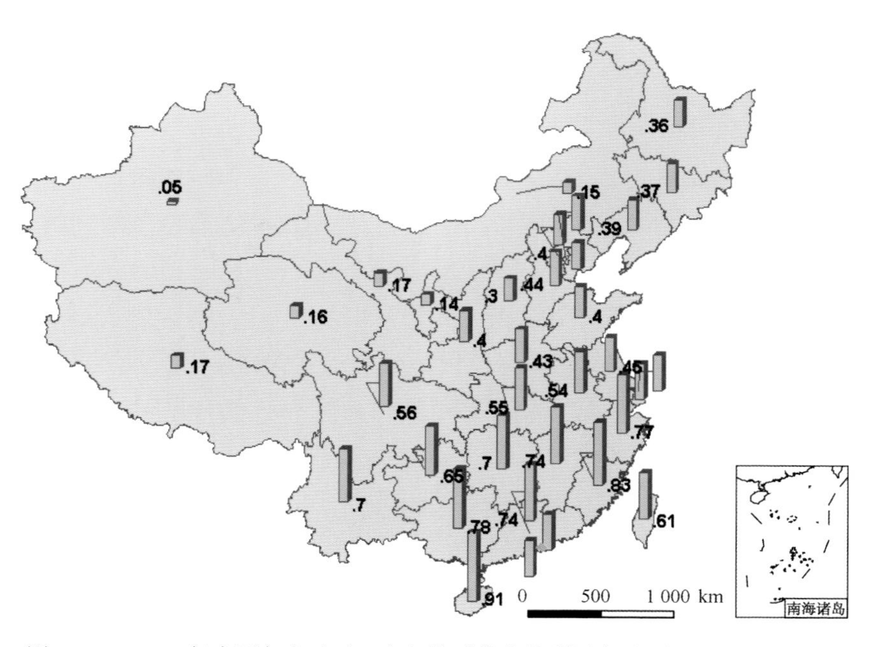

图 11.28　2001 年中国各省（区、市）的平均光能利用率（%）

（5）作物类型识别及面积估算

利用气象卫星较高时间分辨率数据，结合高空间分辨率遥感资料，可建立大范围的农业监测系统。

作物类型识别及面积估算原理和方法与土地覆盖分类相似，只是分类更细。植被类型的差异除了可表现为光谱差异外，还可表现为植被生长规律的差异，将地物光谱特征信息和时间序列信息结合起来，可提供更准确的度量。

（6）植被长势监测和估产

遥感监测大范围植被长势，是常规站网监测所无法做到的。将某一旬或月的植被指数与常年同期的植被指数相比，获得植被指数距平，即可反映植被长势。例如，冬小麦在抽穗期营养生长达到顶峰，作物绿色叶面积指数达到最大，此时植被指数的大小预示着作物产量的高低；生育期内植被指数的积分与产量也有较好的相关关系。影响作物产量的因素是多种多样的，因此，在估产中需要将农业气象因素引入遥感模型，遥感参数加气象因素形成产量模型。图 11.29 为 2004 年 7 月下旬相对 2003 年 7 月下旬的中国植被长势卫星监测图。图 11.30 为气象卫星 2011 年北方冬小麦各生长期长势遥感监测图。

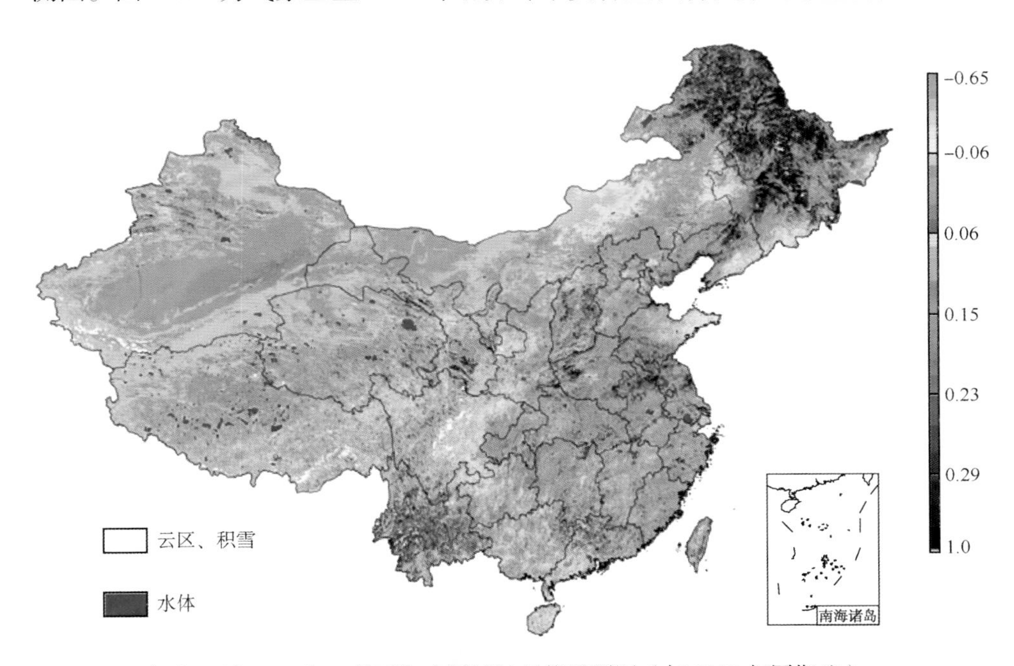

图 11.29　气象卫星 2004 年 7 月下旬中国植被长势监测图（与 2003 年同期比）

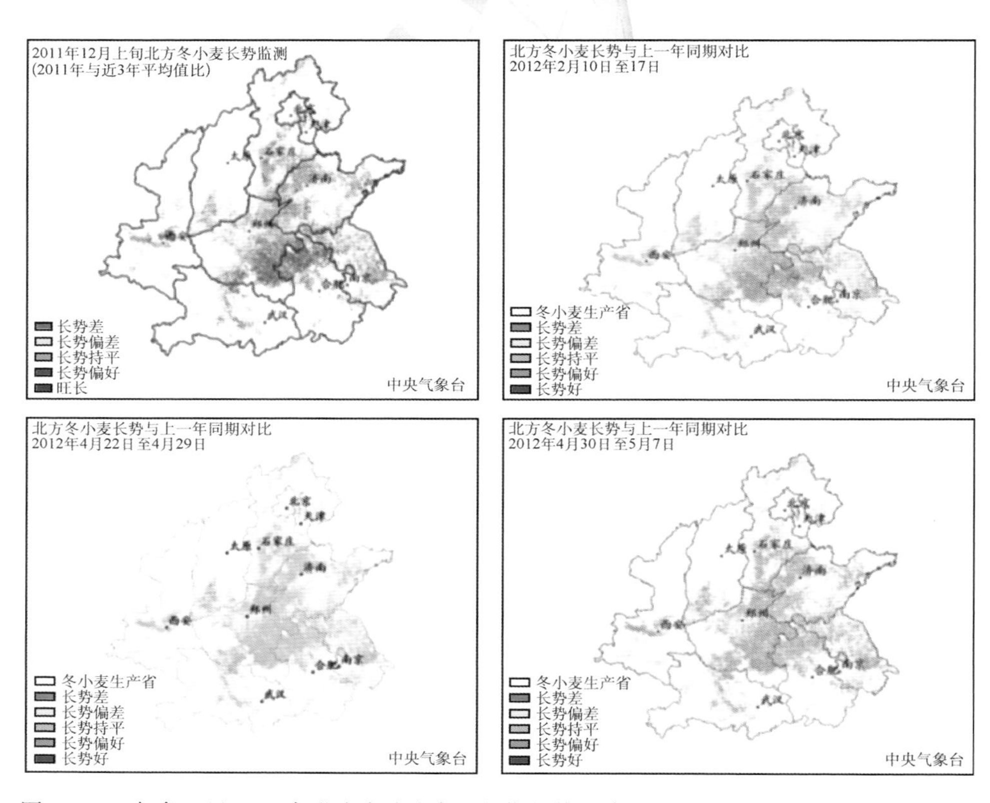

图 11.30　气象卫星 2011 年北方冬小麦各生长期长势遥感监测图

11.10 水环境监测

（1）内陆湖泊蓝藻水华监测

内陆湖泊富营养化导致的蓝藻水华暴发，已成为我国一个重要的环境问题。蓝藻水华暴发具有面积大、时空变化剧烈的特点，例如 2007 年 6 月，无锡市贡湖水源地受到太湖蓝藻严重污染，水质变腥变臭，丧失饮用水功能，影响到周边 100 多万市民饮水。根据图 11.31 蓝藻水华光谱曲线可知，蓝藻水华在近红外波段都有很强的反射。在蓝藻水华监测中，要注意水草的识别。图 11.32、图 11.33 给出了 FY-3 卫星太湖蓝藻水华彩色合成图和蓝藻水华强度图。

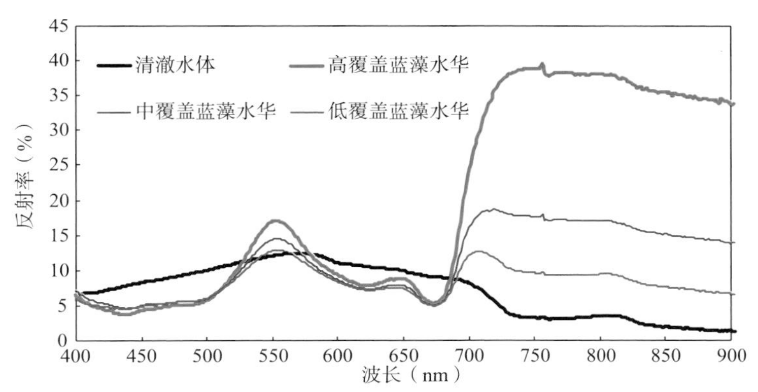

图 11.31　太湖不同叶绿素浓度水体光谱曲线

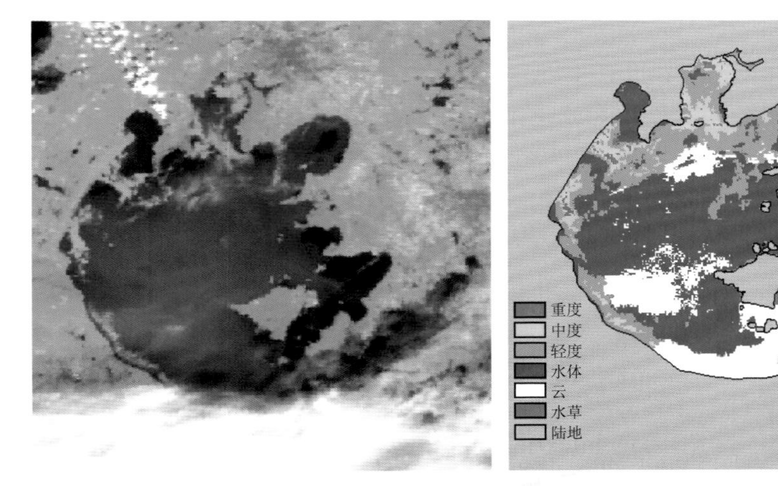

图 11.32　FY-3 卫星 2008 年 10 月 13 日太湖蓝藻彩色合成图像

图 11.33　FY-3 卫星 2008 年 10 月 13 日太湖蓝藻强度图

（2）海洋藻类监测

目前利用遥感对海藻的监测主要用于绿潮和赤潮。2008 年 5 月中旬，在距青岛市东南约 175 km 处的黄海海域，出现少量浒苔。随后范围不断扩大，并在洋流和风力作用下，逐渐向青岛近岸海域靠近。到 6 月中下旬，发展更为迅速，覆盖了青岛近海大片海域，第 29 届北京奥林匹克帆船比赛（简称奥帆赛）赛区周边海域也因此受到严重干扰。图 11.34 给出了 2008 年 6 月 28 日青岛海域绿藻监测三通道合成图，可看到山东省青岛、日照等市的近海海域水面上有大量海藻，上述海域内海藻面积总计约为 450 km^2。图 11.35 为青岛奥帆赛区及周边海域浒苔监测示意图。

图 11.34　2008 年 6 月 28 日青岛海域绿藻监测彩色合成图

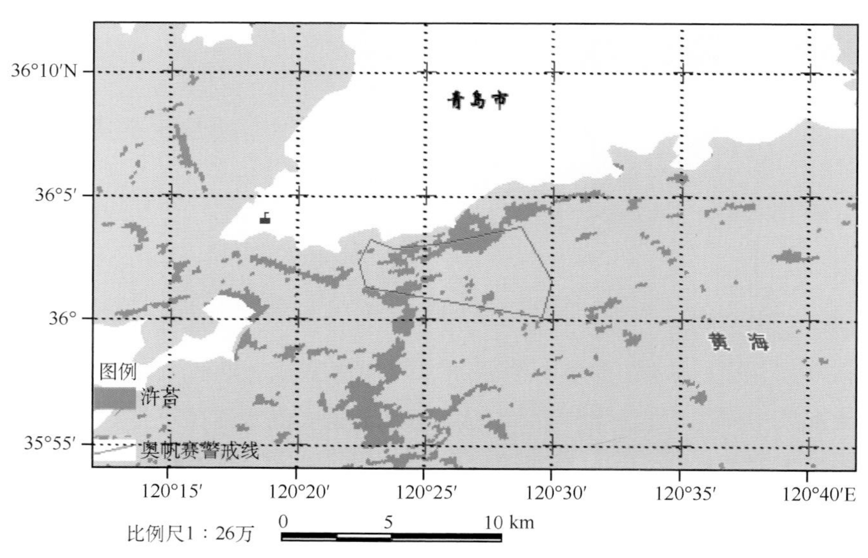

图 11.35　气象卫星 2008 年 6 月 28 日青岛奥帆赛区附近海域浒苔分布监测示意图

（3）河口泥沙监测

悬浮泥沙含量监测对于河口海岸带水质、近岸海水生态过程、海岸带地貌和生态环境、海岸工程、港口建设等都具有重要意义。通过建立水色通道观测和悬浮泥沙浓度之间的定量关系，可反演悬浮泥沙浓度。图 11.36 为 FY-1C 卫星 2000 年 3 月 8 日悬浮泥沙分布监测图。用 FY-3 中分辨率光谱成像仪空间分辨率为 250 m 的通道数据，可以更好地分析风暴潮过程对河口悬浮物浓度分布及变化态势的影响。

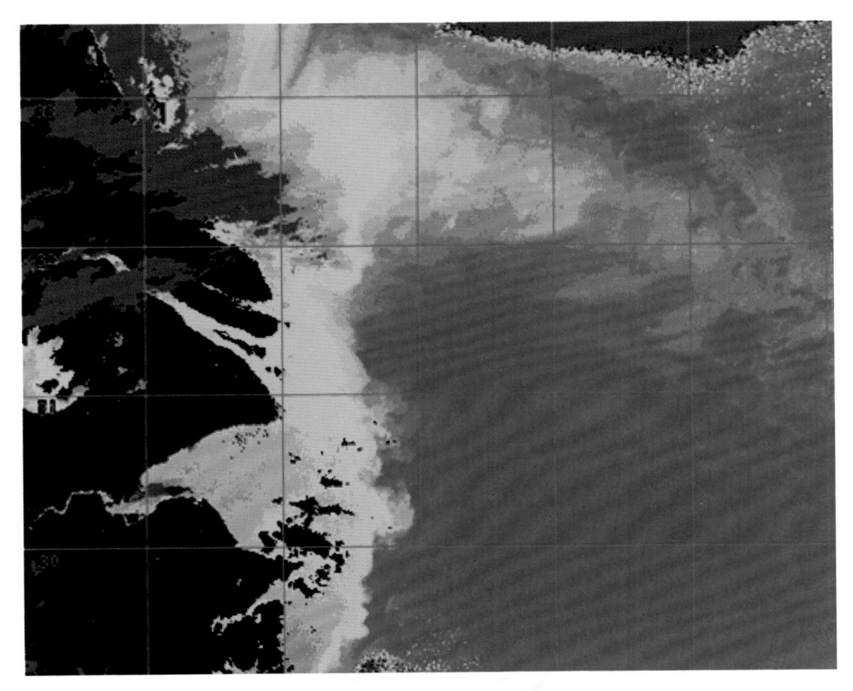

图 11.36　FY-1C 卫星 2000 年 3 月 8 日悬浮泥沙分布监测图

11.11 城市热环境监测

近年来，在快速城市化的背景下，城市热环境被认为是城市生态环境的重要影响因素之一。城市热环境最明显的特征就是城市热岛效应，它是一种由于城市建筑及人类活动导致的热量聚集，形成一个明显的高温区。研究城市热岛强度特征、热岛形成机制、热岛危害及缓解对策，可为城市规划建设和改善人居环境等提供指导。由于城市热岛主要反映的是空间范围内的热量差异，可以直接利用辐射亮温，FY-3 卫星中分辨率光谱成像仪具有 250 m 的长波红外通道，与 NOAA 等卫星相比，有空间分辨率高的明显优势。图 11.37 为华北地区 2000 年 9 月 1 日热岛强度分布图。

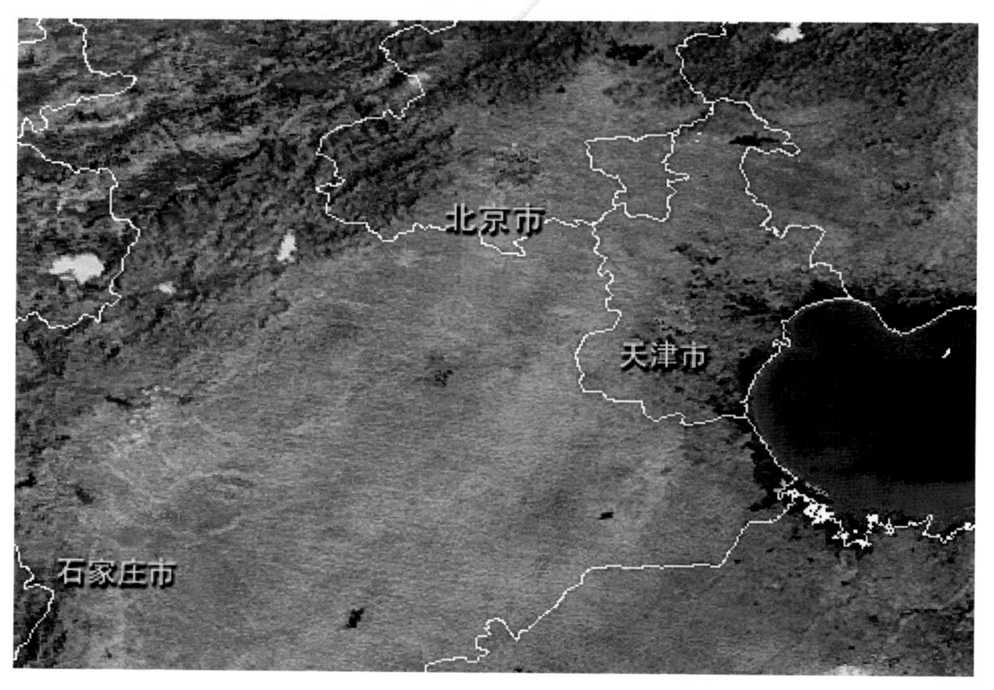

图 11.37　华北地区 2000 年 9 月 1 日热岛强度分布图

北京主城区四季夜晚都存在热岛效应，但热岛强度和面积在各季分布不同，冬季热岛最强，春秋次之，夏季最弱。北京地区春、夏、秋、冬四个季节的高温面积分别为 234、210、230 和 249 km^2。图 11.38 为气象卫星 2008 年 8 月 3 日北京地区城市热岛监测图，显示出北京城区热岛强度的空间分布。

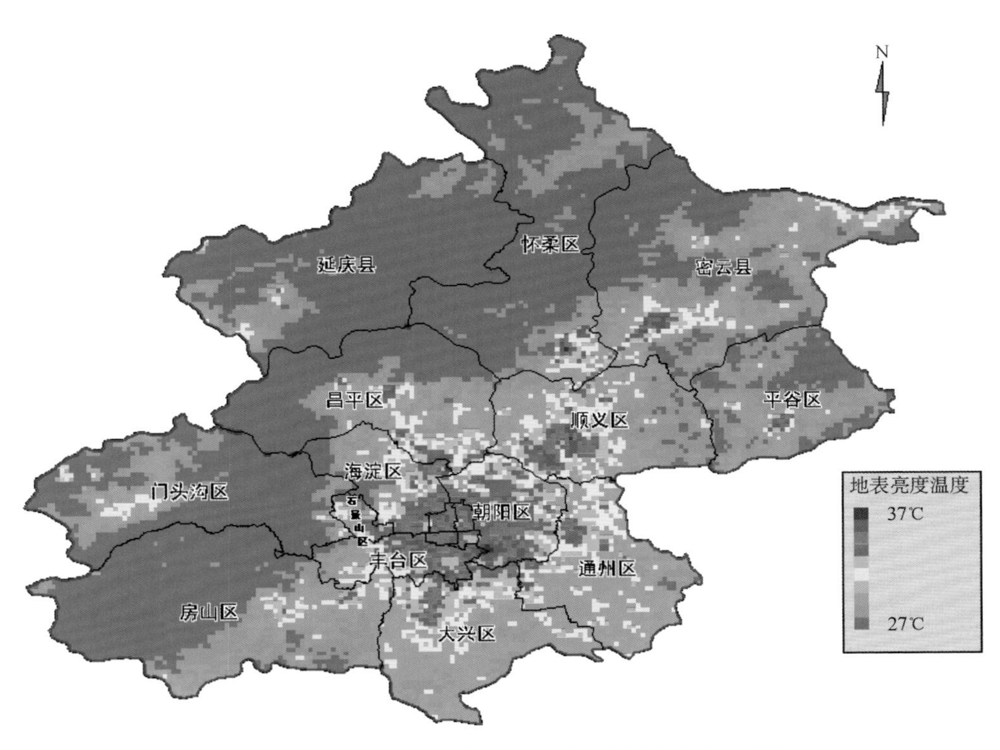

图 11.38　气象卫星 2008 年 8 月 3 日 12 时 53 分北京地区城市热岛监测图

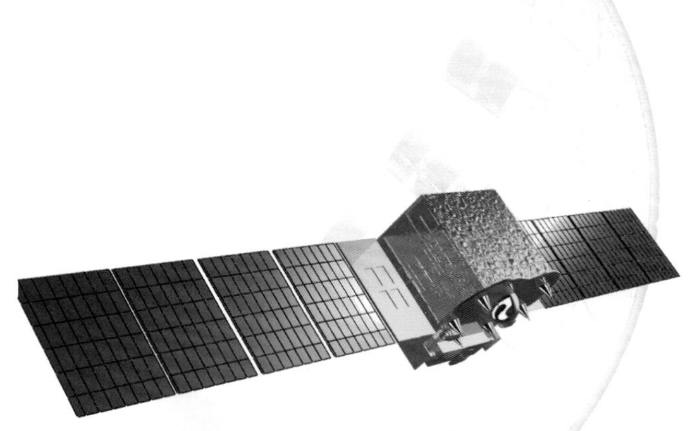

第 12 章 我国气象卫星与卫星气象发展的展望

12.1 已经取得的成就

20 世纪 60 年代，在赵九章先生的主持下，中国科学院进行了一些发展气象卫星的前期准备工作。1969 年 1 月，周恩来总理提出，要发展我国自己的气象卫星，同时他也指出，要充分利用国外气象卫星资料，从而正式启动了我国的气象卫星与卫星气象工作。经过 40 多年，我国已经成功发展了具有世界先进水平的 FY-1/3 极轨气象卫星和 FY-2 静止气象卫星，以及地面应用系统。极轨和静止气象卫星业务系统的运行成功率都在 99% 以上。对于可能获取的国外气象卫星资料，也尽量接收、处理和应用。

由于坚持自主研发，我国从无到有，已掌握了气象卫星平台和遥感器的研制技术，通晓了资料处理和应用的科学和技术，独立开发了全部软件系统，不但赶上了世界先进水平，也为今后的发展奠定了坚实的基础。我国气象卫星有自己的特色，FY-3 卫星是我国现阶段气象卫星观测水平的代表，它载有 11 种观测仪器，可以进行全球、全天候、多光谱、三维、定量遥感，其中有的观测通道具有 250 m 的分辨率，观测仪器的定量遥感精度也达到了当前国际先进水平。FY-2 卫星双星组合业务运行，在我国及周边地区汛期每 15 分钟获得一幅云图，有效地支撑了广大气象台站的天气预报业务。FY-2 卫星的图像定位精度曾经受到包括美国国家航空航天局（NASA）时任局长格莱芬在内的业内同行的好评。

风云系列气象卫星提供大量的图像和定量产品，根据气象卫星观测数据和产品分析得到天气系统、自然灾害、环境变化监测信息，通过各种渠道实时向各级领导、部门、科研机构和公众分发，已被广泛应用于多个国民经济领域，为国家经济发展、社会进步做出了重要贡献。我国气象卫星已成为我国现代化气象业务系统中不可或缺的重要组成部分，也被世界气象组织（WMO）正式列为世界天气监视网全球观测系统的一个组成部分。

国家的支持是发展风云气象卫星最重要的因素。气象卫星的应用是气象现代化的重要组成部分，历来受到国家领导和有关部委的重视。中国气象局作为业主，负责气象卫星的发展和应用，前局长邹竞蒙对气象卫星工作更是表现出极大的热忱和坚定。为了发展我国自己的气象卫星，中国气象局于1971年成立了国家卫星气象中心，进行气象卫星的规划，气象卫星使用要求的提出以及研制过程中有关的技术协调，地面应用系统建设、业务运行、服务和卫星气象学的研究工作。

国家卫星气象中心在几十年实践中磨练出一支专业门类比较齐全、敬业、有较好的科学技术素质、善于合作共事的研究队伍。在这支队伍中，总指挥和总设计师承担技术领导的责任。国家卫星气象中心重视应用基础科学和关键技术研究，立足于自己的力量解决问题，也重视国际交流。在业务运行方面，则千方百计地提高运行成功率，对于业务运行中出现的每一个问题和故障，都要迅速诊断出故障点位置和故障发生原因，并从管理到技术落实改进措施。对于气象卫星资料的应用，尤其是在发生重大灾害事件时，都尽最大努力及时做出响应，这需要以高质量的业务运行水平为基础，也需要及时、有效的领导和组织，以及工作人员不怕疲劳、连续的认真工作。

12.2 差距和不足

12.2.1 气象卫星

我国气象卫星的发展无疑取得了重大成就，但仍有一些问题需要解决。

（1）航天技术的发展，周期较长。在国外技术封锁的条件下，必须坚持独立自主，自力更生，主要靠自己的研究和经验积累。现在，我国对于气象卫星，无论是卫星平台还是遥感器，基本的、关键的技术已经掌握，但性能的提高和完善，特别是稳定性、可靠性和寿命，仍需经验的积累，不断发现和解决问题。

（2）卫星的性能很大程度上依赖于器件的性能，特别是核心器件。例如，遥感仪器中的探测器，像红外探测器之类的器件，无论是面阵、线阵、甚至单元器件，都涉及国外禁运，只有自己研制。一些可从国外引进的紫外、可见光和微波器件，虽然有些性能还可以，但也不可能是顶尖产品，且十分昂贵。目前，我国气象卫星使用的探测器件，以至其他遥感卫星所使用的探测器件，性能常与国外顶尖产品有一定的差距。这个核心技术问题必须下大气力解决，否则我国的气象卫星以至遥感卫星的技术水平，就会受到很大的制约。

（3）我国的工业和技术基础仍比较薄弱。例如，对于星上定标系统的研制，既需要有高性能、高稳定性的材料，还需要有高精度的、国家级的光学和微波辐射基准设施，这些都需要进一步解决。

（4）对于美国、欧洲业务气象卫星所用的比较成熟的遥感技术，我们大体上已经掌握。而一些新型遥感技术，特别是主动遥感技术，我们与国外还有不同程度的差距。这些遥感技术包括：激光雷达、降水雷达、云雷达、亚毫米波遥感、L 波段微波遥感、大型红外线阵推扫式成像、可见光和红外面阵成像、微光成像、高光谱分辨率高精度大气成分探测器等。

12.2.2 应用

（1）国家卫星气象中心建设的风云气象卫星地面应用系统，无论从功能、规模，还是从技术水平上讲，都是世界先进水平。但是，从全面的应用工作讲，仍有许多不足之处。包括：气象卫星和其他遥感资料的融合使用不够普遍，水平有待提高；气象卫星资料共享平台有待进一步拓展，以使应用工作能更普遍、有效地推广到基层（地、县级）、各行业和公众；气象卫星应用的产业化也有待进一步发展。

（2）发达国家的经验表明，天气预报准确率的提高必须走数值预报之路。近年来，国际上数值天气预报的改善，主要是由于使用卫星资料而获得的。但是，我国气象卫星资料进入数值预报模式的工作启动较晚，目前在气象卫星的数据处理与数值天气预报模式两个方面还有一些问题没有解决好，这方面的工作力度还远远不够，亟待提高。

（3）有了卫星云图以后，我国广大的预报人员对天气系统的认识，已经有了很大的提高，卫星云图在广大气象台站得到广泛的应用。但是，许多预报人员对卫星云图的判读和应用水平仍不够高，云图中存在的许多关于天气系统发生、发展的信息，还没有被认识。因此，天气预报水平的进一步提高仍有很大的空间。

（4）缺少长时期、高精度观测资料的积累，测量温室气体的遥感器还没有上天，对于全球气候演变，我国目前在国际上还拿不出多少自己的实测遥感资料，话语权受限。

12.3 发展需求分析

在气象卫星发展计划中，对遥感水平的提高已有一些安排，但仍有一些重要的需求难于满足。例如，我国气象卫星称为风云卫星，风和云是最有代表性的天气现象，但是恰恰是对风和云的监测还没有很好地解决，这也是世界性的技术难题。解决这些问题，可以使气象卫星的作用得到极大的提升。这些问题至少有：

（1）全球三维风场观测对天气预报作用极大，但是现在除了云迹风、水汽风和散射计等测的海面风外，卫星上还没有更好的观测手段，需要重点发展。

（2）目前，云区大气参数、云参量和云结构、降水仍是气象卫星遥感中的薄弱环节，其对天气预报作用又很大，需要重点发展。

（3）对中尺度天气系统的分析和预报，特别是数值预报，需要高空间和时间分辨率、高精度的大气及其下垫面的资料。

（4）对全球变化及气候预测，需要对长期、高精度观测资料的分析和对地球系统深刻的科学认识。因此，我国必须有自己独立的监测平台和数据积累，拥有对重点区域和全球范围 CO_2、CH_4、O_3 和其他重要温室气体、重要污染源的精确含量、三维动态分布、输运扩散规律的监测手段。其关键是高精度探测

方法的研究和遥感器的研制。

（5）夜间云图判识，要求气象卫星能够获取夜间可见光和近红外云图。

（6）中高层大气参数、光化学反应、大气放电等现象的探测和研究，在当前还是一个相当薄弱的领域。

12.4 气象卫星与卫星气象的未来发展

一颗卫星从概念提出，经过方案设计、初样研制、正样研制、发射、在轨运行等阶段，直到在业务中发挥作用，常常需要10年以上的时间。所以，卫星的规划是十分重要的工作。在规划我国的气象卫星时，要坚持把业务应用放在首位。目前，正在执行我国气象卫星及其应用的2011—2020年发展规划，将发射FY-4卫星，完成静止气象卫星的升级换代；进一步提高FY-3卫星的性能，形成高效、稳定运行的极轨气象卫星业务系统；建设与完善地面应用系统技术设施，建设覆盖国家、省、地、县级的遥感应用业务体系。

我国气象卫星进一步发展的要点将是：

（1）对风云气象卫星，要不断提高时空分辨率和各要素的探测精度，提高卫星平台，特别是遥感器的性能、定标精度、稳定性、可靠性和寿命。

（2）发展新型主、被动遥感器，包括进行全球三维风场、气溶胶、云参数、大气成分观测的激光雷达，降水观测的测雨雷达，云参数观测的云雷达和亚毫米波遥感器，夜间可见光、近红外云图观测的微光成像遥感器等。

（3）用高光谱分辨率遥感器进行温室气体测量已是当前卫星遥感的热点，关键问题是提高精度，发展高精度的超精细光谱探测仪器。

卫星气象学目前是世界上最具活力、发展极为迅速的学科之一。遥感原理和方法不断推陈出新，数据处理和应用方法不断改进和提高，计算机和网络技术的迅猛发展，这些使气象卫星应用系统始终处在不断变化、改进、提高之中。

我国气象卫星与卫星气象，已经取得了显著的成就，并且仍有很大的发展空间。从发展趋势看，未来10～20年，必将有新的更大幅度的发展。

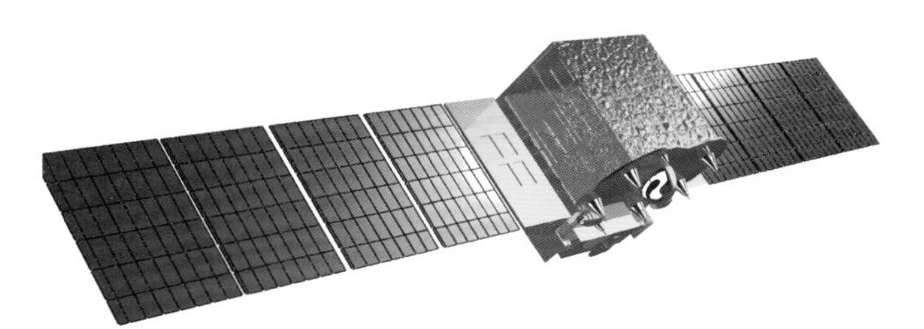

附录 部分缩写名称的中文对照表

缩写名称	中文对照名称	缩写名称	中文对照名称
ABI	先进基线成像仪（GOES）	ESA	欧洲空间局
AMSU	先进的微波探测器（NOAA/ MetOp）	EUMETSAT	欧洲气象卫星开发组织
ARSS	数据存档与服务系统（FY-3）	FY-1	我国第一代极轨气象卫星风云一号
ASC	应用服务中心（FY-2）	FY-2	我国第一代静止气象卫星风云二号
ASCAT	先进的微波散射计（MetOp）	FY-3	我国第二代极轨气象卫星风云三号
ATMS	先进技术微波探测器（JPSS）	FY-4	我国第二代静止气象卫星风云四号
AVHRR	先进的甚高分辨率辐射计（NOAA/ MetOp）	GLM	闪电成像仪（GOES）
CDAS	指令和数据接收站（FY-2）	GOES	美国静止业务环境卫星
CERES	云和地球辐射能量系统（JPSS）	GOME	全球臭氧监测仪（MetOp）
CMA	中国气象局	GPS-S	GPS 探测器（MetOp）
CNAS	计算机网络和存档系统（FY-2）	HIRS	高分辨率红外探测器（NOAA/ MetOp）
CNES	法国国家空间研究中心	HRPT	高分辨率图像传输（FY-3）
CNS	计算机与网络系统（FY-3）	IASI	红外大气探测干涉仪（MetOp）
CrIS	跨轨扫描红外探测器（JPSS）	ISCCP	国际卫星云气候计划
DAS	数据接收系统（FY-3）	ISRO	印度空间研究组织
DMSP	美国国防气象卫星计划	JAXA	日本宇宙航空研究开发机构
DPC	资料处理中心（FY-2）	JPSS	美国联合极轨卫星系统
DPPS	数据预处理系统（FY-3）	IRAS	红外分光计（FY-3）
DPT	延时图像传输（FY-3）	MAS	监测分析服务系统（FY-3）
ERM	地球辐射监测仪（FY-3）	MERSI	中分辨率光谱成像仪（FY-3）

缩写名称	中文对照名称	缩写名称	中文对照名称
Meteosat	欧洲地球同步气象卫星	S-VISSR	展宽数字云图
MetOp	欧洲极轨业务气象卫星	SBUS	紫外臭氧垂直探测仪（FY-3）
MHS	微波湿度探测器（MetOp）	SBUV	太阳后向散射紫外辐射计（NOAA）
MODIS	中分辨率成像光谱仪	SEM	空间环境监测仪（FY-3/ NOAA）)
MPT	中分辨率图像传输（FY-3）	SIM	太阳辐射监测仪（FY-3）
MSU	微波探测器（NOAA）	SOCC	系统运行控制中心（FY-2）
MTF	光学调制传递函数	SSU	平流层探测器（NOAA）
MTG	欧洲第三代静止业务气象卫星	STSS	仿真与技术支持系统（FY-3）
MWHS	微波湿度计（FY-3）	TIROS	美国第一颗气象卫星泰罗斯
MWRI	微波成像仪（FY-3）	TSIS	总太阳辐照度传感器（JPSS）
MWTS	微波温度计（FY-3）	TOU	紫外臭氧总量探测仪（FY-3）
NASA	美国国家航空航天局	UDS	应用示范系统（FY-3）
NOAA	1. 美国国家海洋和大气管理局 2. 美国极轨业务气象卫星诺阿	USS	用户利用站（FY-2）
NSMC	国家卫星气象中心	VAS	垂直大气探测器（GOES）
OCS	运行控制系统（FY-3）	VIIRS	可见光 / 红外成像辐射计（JPSS）
OMPS	臭氧成图和廓线仪（JPSS）	VIRR	可见光红外扫描辐射计（FY-1/3）
PGS	产品生成系统（FY-3）	VISSR	可见光和红外自旋扫描辐射计（FY-2/ GOES）
QCS	产品质量检验系统（FY-3）	WCRP	世界气候研究计划

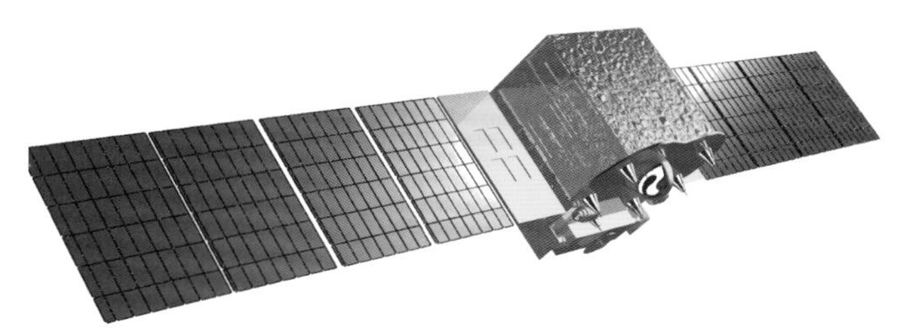

参考文献

陈述彭 . 1998. 地球系统科学 . 北京：中国科学技术出版社 .

陈渭民等 . 1989. 卫星气象学 . 北京：气象出版社 .

董超华，张文建 . 2001. 风云纵览 . 北京：气象出版社 .

顾逸东 . 2011. 探秘太空 . 北京：中国宇航出版 .

国家卫星气象中心 . 1985. 卫星气象学 . 北京气象学院研究生部（内部资料）.

杨军 . 2012.2012 风云卫星发展研究年度报告 . 国家卫星气象中心（内部资料）.

杨军，许健民，等 . 2012. 气象卫星及其应用 . 北京：气象出版社 .

中国科学院空间科学与应用中心 . 2006. 神舟三号中分辨率成像光谱仪图集 . 北京：中国地图出版社 .

K. N. LIOU［美］. 2004. 大气辐射导论 . 郭彩丽、周诗健译 . 北京：气象出版社 .

P. K. Rao［美］，等 . 1994. 气象卫星——系统、资料及其在环境中的应用 . 许健民等译 . 北京：气象出版社 .

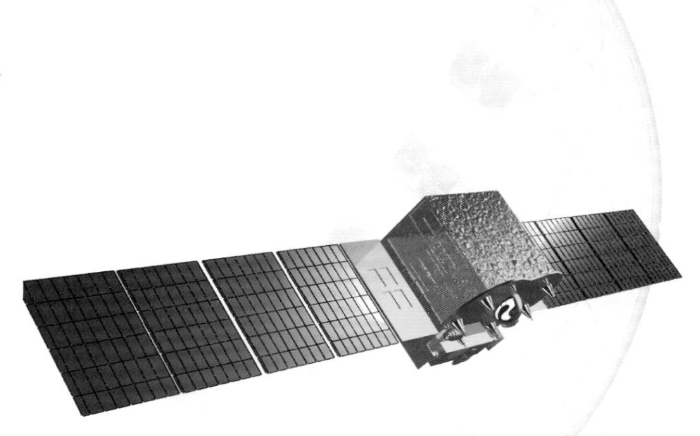

后　记

鉴于《气象卫星与卫星气象》为一本高端科普性质的读物，既要有一定专业性，又要通俗易读，因此，本书在对气象卫星与卫星气象所涉及的各个方面做全面介绍的时候，尽量做定性说明，多使用图表，少采用数学表达式。书中引用的图像和资料，大都来自国家卫星气象中心展示的图像和本书的参考文献，其出处行文中不再列出。

风云气象卫星的载荷中有空间环境监测器，空间环境预测也称空间天气预报。但是，空间环境监测器除了搭载于风云气象卫星上，也搭载于许多其他卫星上，比如就有专用的空间环境监测卫星。空间环境监测和空间科学是一个独立的、范畴更大的学科。本书不涉及空间环境监测和空间天气预报的内容。

由于本书内容涉及较多而篇幅有限，本人又首次写科普读物，水平所限，选材和表述可能有诸多疏漏、不当之处，欢迎专家和读者批评指正。

本书编写中，承蒙马刚、方宗义、江吉喜、刘玉洁、刘诚、许健民、张凤英、邱康睦、钮寅生、施进明、唐世浩、黄意玢、董超华等多位专家（以姓氏笔画为序）的审阅，并提出宝贵的修改意见，也得到一些同事热情提供的高质量的图像和意见，在此一并表示诚挚的谢意。

作者

2013 年 9 月